AF355652

TABLEAU

DE

L'ÉCOLE DE BOTANIQUE

DU

JARDIN DES PLANTES

DE PARIS,

Ou Catalogue général des Plantes qui y sont cultivées et rangées par classes, ordres, genres et espèces, d'après les principes de la Méthode naturelle de A. L. JUSSIEU.

SUIVI

D'une Table alphabétique des Noms vulgaires des Plantes le plus fréquemment employées en Médecine, dans les Arts, la décoration des Jardins, etc. ; avec les Noms des Genres et des Espèces auxquels elles se rapportent.

PAR UN BOTANISTE.

A PARIS,

CHEZ
- DIDOT LE JEUNE, imprimeur, quai des Augustins, n.° 22.
- FUCHS, libraire, rue des Mathurins, hôtel de Cluny.
- le Portier du Jardin des Plantes, côté de la rue de Seine.
- le Portier de l'Ecole de Médecine.

AN VIII. — 1800.

AU LECTEUR.

Mon but, en publiant ce Catalogue, est de répondre au desir que m'ont témoigné un grand nombre d'Elèves, et de leur faire part de tous les avantages que j'en ai retirés ; j'en sentis la nécessité dès les premiers temps que je me livrai à l'étude de la Botanique, et j'en éprouve encore chaque jour la commodité. J'ai cru me rendre utile à mes concitoyens : heureux si j'y suis parvenu ! c'est toute mon ambition.

Nota. Le Rédacteur de ce Catalogue déclare n'avoir aucun rapport avec les auteurs de l'infidélité commise à l'égard du C. Desfontaines.

TABLEAU

DE

L'ÉCOLE DE BOTANIQUE

DU

JARDIN DES PLANTES

DE PARIS.

CLASSE PREMIÈRE.

ACOTYLEDONES.

ORDRE I.er	ORDRE II.
Fungi, *les Champignons.*	**Algæ,** *les Algues.*

<table>
<tr><td>

1. Mucor, *Moisissure.*
furfuraceus, *verte.*
2. Lycoperdon.
bovista, *vesse de loup.*
stellatum, *étoilé.*
tuber, *truffe.*
3. Clavaria, *Clavaire.*
coralloïdes, *rameuse.*
4. Peziza, *Pezize.*
nigra, *noire.*
5. Helvella, *Helvelle.*
mitra, *mitrée.*
6. Clathrus, *Clathre.*
cancellatus, *grillé.*
7. Phallus.
esculentus, *morille.*
impudicus, *fétide.*
8. Hydnum, *Erinace.*
repandum, *sinué.*
9. Boletus, *Bolet.*
igniarius, *amadoutier.*
10. Agaricus, *Agaric.*
campanulatus, *en cloche.*
campestris, *comestible.*

</td><td>

11. Tremella, *Tremelle.*
nostoc.
12. Fucus, *Varec.*
nodosus, *vésiculeux.*
13. Ulva.
intestinalis, *boyau de chat.*
14. Conferva.
rivularis, *des ruisseaux.*
15. Byssus, *Bysset.*
botryoïdes, *vert.*
16. Lichen.
rangiferus, *des rennes.*
pulmonarius, *pulmonaire.*
17. Riccia.
glauca, *glauque.*
18. Blasia, *Blasie.*
pusilla, *naine.*
19. Anthoceros, Anthocère.
punctatus, *ponctué.*
20. Jungermannia, *Jongermane*
platiphylla, *à larges feuilles.*
21. Marchantia, *Hépatique.*
polymorpha.

</td></tr>
</table>

22. **Equisetum**, *Prêle, queue de cheval.*
arvense, *des champs.* E. ♃
fluviatile, *striée.* E. ♃
palustre, *à feuilles simples.*
    E. ♃
hyemale, *rude*, E. ♃
sylvaticum, *à feuilles fines.*
    E. ♃
23. **Viscum**, *Guî.*
album, *blanc.*

O R D R E   I I I.

Musci, *les Mousses.*

24. **Buxbaumia**, *Buxbaume.*
aphylla, *sans feuilles.*
25. **Fontinalis**, *Fontinale.*
antipyretica, *incombustible.*
26. **Hypnum.**
cupressiforme, *à feuilles de cyprès.*
27. **Bryum**, *Bri.*
glaucum, *glauque.*
28. **Mnium**, *Mnie.*
serpillifolium, *à feuilles de serpolet.*
29. **Polytricum**, *Polytric.*
commune, *commun.*
30. **Splachnum**, *Splanc.*
ampullaceum, *à fleurs coniques.*
31. **Sphagnum**, *Sphaigne.*
palustre, *des marais.*
32. **Phascum.**
acaulon, *sans tige.*
33. **Lycopodium**, *Lycopode.*
clavatum, *en massue.*
-34. { **Ophioglossum**, *Ophioglosse. Langue de serpent.*
vulgatum, *à feuilles ovales.*

O R D R E   I V.

Nayades, *les Nayades.*

35. { **Myriophyllum**, *Miriofle Volant d'eau.*
spicatum, *à épis.* E. ♃
verticillatum, *verticillé.* E. ♃

36. **Ceratophyllum**, *Cornifle.*
submersum, *lisse.* E. ♃
demersum, *épineux.* E. ♃
37. **Naias**, *Naiade.*
marina, *ondulée.* E. ♃.
38. **Callitriche**, *Callitric.*
verna, *feuilles ovales.* E. ♃
autumnalis, *feuilles étroites.*
    E. ♃.
39. **Chara**, *Charagne.*
vulgaris, *fétide.* E. ♃
hispida, *épineuse.* E. ♃
flexilis, *transparente.* E. ♃
40. **Hippuris**, *Pesse d'eau.*
vulgaris, *commune.* E. ♃
41. { **Trapa**, *Mâcre, Cornuelle, Châtaigne d'eau, Saligot*, etc.
natans, *flottante.* E. ♃
42. **Menyanthes**, *Menianthe.*
trifoliata, *trefle d'eau.* E. ♃
nymphoïdes, *jaune.* E. ♃
43. **Pinguicula**, *Grassette.*
vulgaris, *commune.* E. ♃
44. **Utricularia**, *Utriculaire.*
vulgaris, *commune.* E. ♃

O R D R E   V.

Parasitæ, *les Parasites.*

45. **Lathræa**, *Clandestine.*
clandestina, *feuilles droites.*
    E. ⊙
46. **Orobanche**, *Orobanche.*
major, *odorante.* E. ⊙
ramosa, *rameuse.* E. ⊙
47. { **Monotropa**, *Monotrope, Sucepin.*
hypopytis, *plusieurs fleurs.*
    E. ⊙
48. **Cuscuta**, *Cuscute.*
europæa, *d'Europe.* E. ⊙

Cette Classe contient 48 genres, qui comprennent 64 espèces.

CLASSE SECONDE.

MONOCOTYLEDONES.

ORDRE I.er

Filices, *les Fougères.*

1. Pilularia, *Pilulaire.*
   globulifera, *à globules.* E. ♃
2. Marsilea.
   quadrifolia, *à quatre feuil-*
   les. E. ♃
3. Osmunda, *Osmonde.*
   regalis, *royale.* E. ♃
   lunaria, *lunaire.* E. ♃
   spicant, *feuilles linéaires.*
   E. ♃
   struthiopteris. E. ♃
4. Onoclea, *Onoclée.*
   sensibilis, *sensible.* Am. ♃
5. Acrosticum, *Acrostic.*
   septentrionale, *feuil. linéai-*
   res. E. ♃
6. Asplenium, *Doradille.*
   scolopendrium, *scolopendre,*
   langue de cerf, E. ♃
   undulatum, *ondulée.* E. ♃
   ceterac. E. ♃
   trichomanoïdes, *à feuilles*
   de trichomanes. E. ♃
   ruta-muraria, *sauve-vie.*
   E. ♃
   adianthum nigrum, *capil-*
   laire noir. E. ♃
7. Trichomanes.
   canariense, *des Canaries.*
   Am. ♃
8. Adianthum, *Adianthe.*
   capillus veneris, *en éventail.*
   E. ♃
   pedatum, *du Canada.* Am. ♃
9. Polypodium, *Polypode.*
   vulgare, *commun.* E. ♃
   cambricum, *lacinié.* E. ♃
   aureum, *doré.* Am. ♃
   thelypteris. E. ♃
   unitum, *uni.* Am. ♃

phegopteris. E. ♃
fontanum, *des fontaines.* E.
   ♃
filix femina, *fougère femelle.*
   E. ♃
filix mas, *fougère mâle.* E. ♃
cristatum, *à crête.* E. ♃
rheticum, *capillaire blanc.*
   E. ♃
dryopteris. E. ♃
bulbiferum, *bulbifère.* Am.
   ♃
aculeatum, *épineux.* E. ♃
regium, *feuilles de fumeter-*
   re. E. ♃

10. Lonchitis, *Lonchite.*
    repens, *rampante.* Am. ♃
11. Hemionitis, *Hemionite.*
    palmata, *palmée.* Am. ♃
12. Blechnum, *Blegne.*
    occidentale, *feuil. en lance.*
    Am. ♃
13. Pteris, *Fougère.*
    aquilina, *commune.* E. ♄
    longifolia, *longues feuilles.*
    Am. ♃
    crenata, *crenelée.* Am. ♃

ORDRE II.

Palmæ, *les Palmiers.*

14. Zamia.
    pumila, *nain.* As. ♃
15. Cycas.
    circinnalis, *feuilles planes.*
    Am. ♃
16. Chamœrops, *Latanier.*
    humilis, *éventail.* E. ♄
    excelsa, *élevé.* As. ♄
17. Sabal.
    carolinianum, *de la Caro-*
    line. Am. ♄
18. Phœnix, *Dattier.*
    dactylifera, *commun.* As. ♄

Ordre III.

Gramineæ, *les Graminées.*

19. Zizania, *Zizanie.*
aquatica, *aquatique.* Am.

20. Oriza, *Riz.*
sativa, *cultivé.* Am. ☉

21. Anthoxanthum, *Flouve.*
odoratum, *odorante.* E. ♃
aculeatum, *piquante.* E. ♃

22. Alopecurus, *Vulpin.*
pratensis, *velu.* E. ♃
geniculatus, *coudé.* E. ♃
agrestis, *glabre.* E. ♃
bulbosus, *bulbeux.* E. ♃
monspeliensis, de *Montpellier.* E. ☉

23. Phleum, *Fléau.*
pratense, *longs épis.* E. ☉
arenarium, *des sables.* E. ☉
schœnoïdes, *rameux.* E. —
nodosum, *bulbeux.* E. ♃

24. Phalaris, *Alpiste.*
aspera, *rude.* E. ☉
phleoïdes, *fléau.* E. ♃
bulbosa, *bulbeuse.* As. ♃
paradoxa, *rongée.*
canariensis, *des Canaries.*
Am. ☉
picta, *panachée.* E. ♃
arundinacea, *en panicule.*
E. ♃
erucæformis, *à deux fleurs.*
E. —

25. Paspalum, *Paspale.*
membranaceum, *membra-
neux.*
stoloniferum, *stolonifère.*
As. ♃

26. Milium, *Mil.*
paradoxum, *barbu.* E. ♃
lendigerum, *tuberculeux.*
E. ☉
effusum, *sans arètes.* E. ♃

27. Agrostis.
miliacea, *petites barbes.* E. ♃
calamagrostis, *argenté.* E. ♃
stolonifera, *coudé* E. ♃
capillaris, *capillaire.* E. ♃
dulcis, *doux.* Am. sept. ♃

canina, *purpurin.* E. ♃
phleoïdes, *fléau.*
tenacissima, *feuilles dures.*
E. ♃
alba, *blanc.* E. ♃
mexicana, *du Mexique.* Am.
mér.
minima, *filiforme.* E. ☉

28. Stipa, *Stipe.*
pennata, *plumeux.* E. ♃
ukranensis, *d'Ukraine.* E. ♃
juncea, *feuil. de jonc.* E. ♃

29. Lagurus, *Lagure.*
ovatus, *ovoïdes.* E. ☉

30. Saccharum, *Canamelle.*
officinarum, *cultivée.* Am. ♃

31. Andropogon, *Barbon.*
provinciale, *de Provence.*
E. —
contortum, *contourné.* As. ♃
schœnanthus, *schenanthe.*
As. ♃
barbatum, *barbu.* Am. ☉
ischæmum. E. ♃
distachion, *deux épis.* E. ♃
bicorne, *à deux cornes.* Am.
mér. ♃

32. Holcus, *Houque.*
spicatus, *en épi.* As. ☉
saccharatus, *en panicule.*
As. ♂
sorghum, *tête penchée.* As.
☉
— album, *blanc.* As. ☉
— nigricans, *noirâtre.* As. ☉
halepensis, *glabre.* As. ♃
mollis, *cilié.* E. ♃
lanatus, *soyeux.*

33. Panicum, *Panic.*
virgatum, *effilé.* Am. sept. ♃
vulgare, *commun.*
latifolium, *à larges feuilles,*
Am. ♃
maritimum, *maritime.*
glaucum, *glauque.* E. ☉
verticillatum, *verticillé.* E.
☉
viride, *vert.*
crus galli, *pied de poule.*
E. ☉
colonum, *tacheté.* Am. ☉
sanguinale, *rougeâtre.* E. ☉
dactylon, *chiendent.* E. ♃

capillare, *capillaire*. Am. ☉
italicum, *d'Italie*. E ☉
coloratum, *violet*. Am. ☉
altissimum, *élevé*.
miliaceum, *millet*. As. ☉
nigrum, *noir*. As. ☉
arborescens, *calumet*. E. ♄

34. Aira, *Canche*.
cæspitosa, *touffu*. E. ♃
flexuosa, *tortueuse*. E. ♃
cariophyllea, *étalé*. E. ☉
aquatica, *aquatique*. E. ♃
præcox, *printannier*. E. ☉
pubescens, *pubescente*. E. ☉
canescens, *blanchâtre*. E. ☉
minima, *filiforme*. E. ☉

35. Melica, *Mélique*.
nutans, *à fleurs pendantes*.
ciliata, *ciliée*. E. ♃
uniflora, *à une fleur*. E. ☉
altissima, *élevée*. E. ☉
cœrulea, *bleuâtre*. E. ♃

36. Tripsacum.
hermaphroditum, *herma-*
phrodite. Am. ☉
dactyloïdes, *monoïque*. Am.
♃

37. Cenchrus, *Râcle*.
racemosus, *à grappes*. E. ☉
capitatus, *en tête*. E.
echinatus, *hérissé*. Am. ☉
ciliaris, *barbu*.

38. Ægylops, *Egilope*.
caudata, *long épi*. E. ☉
ovata, *ovoïde*. E. ☉
squarrosa, *petites barbes*. As.
triuncialis, *longues arêtes*.
E. ☉

39. Rottbolla, *Rottbolle*.
incurvata, *courbée*. E. ☉

40. Dactylis, *Dactyle*.
cynosuroïdes, *de Virginie*.
Am. ♃
glomerata, *des prés*. E. ♃

41. Cynosurus, *Cynosure*.
cristatus, *des prés*. E. ♃
echinatus, *hérissée*. E. ☉
durus, *dure*.
cœruleus, *bleue*. E. ☉
ægyptius, *d'Egypte*. Af.
coracanus, *coracane*. As. ☉
aureus, *jaune*. E. ☉

indicus, *longs épis*. As. ☉

42. Lolium, *Raigrass*.
temulentum, *ivraie*. E. ☉
tenue, *filiforme*. E. ☉
perenne, *vivace*. E. ♃

43. Elymus, *Elyme*.
arenarius, *des sables*. E. ♃
caninus, *des haies*. E. ♃
virginicus, *de Virginie*. Am. ♃
hordeiformis, *épi d'orge*. E. ♃
racemosus, *à grappes*. As. ♃
sibiricus, *courbé*. E. ♃
hystrix, *sans calyce*. ♃
europeus, *d'Europe*. E. ♃

44. Hordeum, *Orge*.
vulgare, *commun*. E. ☉
celeste, *nue*. E. ☉
hibernum, *escourgeon*. E. ☉
hexasticon, *sucrion*. E. ☉
zeocriton, *comprimé*. E. ☉
distichum, *à deux rangs*. E. ☉
maritimum, *maritime*. E. ☉
secalinum, *grêle*. E. ☉
murinum, *des murs*. E. ☉

45. Secale, *Seigle*.
cereale, *cultivé*. E. ☉

46. Triticum, *Froment*.
æstivum, *d'été* E. ☉
hibernum, *d'hiver*. E. ☉
turgidum, *renflé*. E. ☉
compositum, *rameux*. E. ☉
durum, *dur*. E. ☉
monococum, *à une graine*.
E. ☉
cristatum, *à crêtes*. As. ☉
polonicum, *de Pologne*. E. ☉
spelta, *épeautre*. E. ☉
prostratum, *couché*. As. ☉
tenellum, *grêle*. E. ☉
junceum, *longs épis*. E. ☉
⸤ repens, *traçant*. E. ♃
⸤ *chiendent des boutiques*.
repens aristatum. *barbu*. E. ♃
glaucum, *glauque*. E. ♃

47. Bromus, *Brome*.
secalinus, *des seigles*. E. ☉
squarrosus, *rude*. E. ☉
mollis, *velu*. E. ☉
sterilis, *stérile*. E. ☉
elatior, *élevé*. E ☉
tectorum, *des toits*. E. ☉
arvensis, *des champs*. E. ☉

distachion, *deux épis.* E. ⊙
giganteus, *gigantesque.* E. ♃
stipoïdes, *faux stipa.*
rubens, *rouge.*
scoparius, *à balais.* E. ♃
racemosus, *à grappes.*
sylvaticus, *des bois.* E. ♃
madritensis, *de Madrid.* E. ⊙
pinnatus, *plumé.* E. ♃
inermis, *sans arêtes.* E. ♃

48. Festuca, *Fétuque.*
duriuscula, *dure.* E. ♃
bromoïdes, *bromoïde.* E. ⊙
heterophylla, *feuilles variables.* E. ♃
myurus, *barbue.* E. ⊙
ovina, *tetragone.* E. ♃
glauca, *glauque.* E. ♃
decumbens, *tombante.* E. ⊙
elatior, *élevée.* E. ♃
polystachia, *plusieurs épis.*
  Am. sept. ♃
fluitans, *des ruisseaux.* E. ⊙
divarigata, *étalée.*

49. Poa, *Paturin.*
pratensis, *des prés.* E. ♃
aquatica, *aquatique.* E. ♃
sylvatica, *des forêts.* E. ♃
alpina, *des Alpes.* E. ♃
trivialis, *commun.*
pratensis, *des prés.* E. ♃
arenaria, *des sables.* E. ♃
angustifolia, *feuilles étroites.* E. ♃
annua, *annuelle.* E. ⊙
compressa, *comprimé.* E. ⊙
nemoralis, *des bois.* E. ♃
rigida, *dur.* E. ⊙
tenella, *pourpre.* As.
amabilis, *élégant.*
sicula, *de Sicile.* E. ⊙
bulbosa, *bulbeux.* E. ♃
eragrostis. E. ⊙
cristata, *barbu.* E. ♃
pilosa, *soyeux.* E. ⊙
gracilis, *grêle.*
aspera, *rude.* Af. ⊙
divarigata, *étalé.* E.
abyssinica, *tuff.* Af. ⊙

50. Briza, *Brize.*
maxima, *grandes fleurs.* E. ⊙
media, *moyen.* E. ⊙
minor, *triangulaire.* E. ⊙

eragrostis, *amourette.* E. ⊙

51. Uniola, *Uniole.*
paniculata, *en panicule.*
  Am. sept. ♃

52. Avena, *Avoine.*
elatior, *fromentale.* E. ♃
striata, *striée.* E. ♃
elatior nodosa, *noueuse.* E. ♃
lefflingii.
sativa, *cultivée.* E. ⊙
—alba, *blanche.* E. ⊙
nuda, *nue.* E. ⊙
fatua, *avron.* E. ⊙
sterilis, *stérile.*
flavescens, *jaune.*
pratensis, *des prés.*
distichophylla, *distique.* E. ♃
fragilis, *fragile.* E. ⊙

53. Arundo, *Roseau.*
donax, *à quenouille.* E. ♃
— variegata, *panaché.* E. ♃
bambos, *bambou.* As. ♃
phragmites, *à balais.* E. ♃
calamagrostis, *plumeux.* E. ♃
arenaria, *des sables.* E. ♃

54. Nardus, *Nard.*
stricta, *épi droit.* E. ♃

55. Lygœum, *Sparte.*
sparteum, *à deux fleurs.* E. ♃
cucullatum, *à capuchon*
  Am. ⊙

56. Zea, *Mays.*
maïs, *cultivé, bled de Turquie.*

57. Coix, *Larmille.*
lacryma, *à chapelets.* As. ⊙
arundinacea, *vivace.* Am. ♃

ORDRE IV.

Cyperoïdeæ, *les Souchets.*

58. Schœnus, *Choin.*
mariscus, *marisque.* E. ♃
albus, *blanc.* E. ♃
holoschœnus, *globuleux.* E. ♃
nigricans, *noirâtre.* E. ♃
mucronatus, *piquant.* E. ♃
coloratus, *coloré.* As. ⊙

59. Cyperus, *Souchet.*
papyrus, *à papier.* E. ♃

articulatus, *articulé.* Am. ♃
longus, *odorant.* E. ♃
flavescens, *jaune.* E. ⊙
fuscus, *noir.* E. ⊙
esculentus, *bulbeux.* E. ♃
viscosus, *visqueux.* Am. ♃
pannonicus, *fleurs sessiles.*
   E. ♃
flabelliformis, *éventail.*

60. Scirpus, *Scirpe.*
palustris, *des marais.* E. ♃
acicularis, *en aiguilles.* E. ♃
triqueter, *triangulaire.* E. ♃
setaceus, *capillaire.* E. ⊙
romanus, *de Rome.* E. ⊙
fluitans, *flottant.* E. ♃
lacustris, *longues tiges.* E. ♃
mucronatus, *piquant.* E. ♃
maritimus, *aquatique.* E. ♃
sylvaticus, *des bois.* E. ♃

61. Eriophorum, *Linaigrette.*
vaginatum, *à gaîne.* E. ♃
polystachion, *en panicule.*
   E. ♃

62. Carex, *Laiche.*
acuta, *aiguë.* E. ♃
leporina, *fasciculé.* E. ♃
vulpina, *hérissé.* E.
pulicaris, *pulicaire.* E. ♃
muricata, *piquant.* E. ♃
pseudo - cyperus, *épis pen-*
   dans, E. ♃
flava, *jaune.* E. ♃
remota, *fleurs sessiles.* E. ♃
distans, *épis distans.* E. ♃
acuta rufa, *laiche rousse.*
   E. ♃
plantaginea, *feuilles de plan-*
   tain. Am. sept. ♃
sylvatica, *des bois.* E. ♃
vesicaria, *vesiculeux.* E. ♃
hirta, *velu.* E. ♃

ORDRE V.

Spargania, *les Rubans.*

63. Typha, *Massette.*
latifolia, *à larges feuilles.*
   E. ♃
angustifolia, *à feuilles étroi-*
   tes. E. ♃

64. Sparganium, *Ruban.*
erectum, *droit.* E. ♃
natans, *couché.* E. ♃

ORDRE VI.

Zanichelliæ, *les Zanichelles.*

65. Saururus, *Lezardelle.*
cernuus, *fleurs pendantes.*
   Am. sept. ♃
66. Piper, *Poivre.*
pellucidum, *luisant.* Am.
   mér. ⊙
67. Potamogeton, *Epi d'eau.*
perfoliatum, *perfolié.*
crispum, *ondé.* E. ⊙
densum, *dichotome.* E. ♃
lucens, *luisant.* E. ♃
natans, *flottant.* E. ♃
marinum, *maritime.* E. ♃
compressum, *comprimé.* E. ⊙
pectinatum, *pectiné.* E. ⊙
setaceum, *feuilles étroites.*
   E. ⊙
68. Zanichellia, *Zanichelle.*
palustris, *aquatique.* E. ⊙
69. Ruppia.
maritima, *maritime.* E. ⊙

ORDRE VII.

Aroïdeæ, *les Aroïdes.*

70. Lemna, *Lenticule.*
minor, *petites feuilles.* E. ⊙
polyrrhiza, *plusieurs raci-*
   nes. E. ⊙
gibba, *gibbeuse.* E. ⊙
trisulca, *à trois sillons.* E. ⊙
71. Arum, *Gouet.*
balearicum, *de Mahon.* E. ♃
dracuntium. Am. ♃
triphyllum, *à trois feuilles.*
   Am. ♃
esculentum, *chou caraïbe.*
   Am. ♃
colocasia, *colocase.* As. ♃
sagittæfolium, *violet.* Am. ♃
vulgare, *officinal, pied de*
   veau. E. ♃

dracunculus , *serpentaire.*
E. ♃
bicolor. ♃
italicum, *panaché.* E. ♃
virginicum , *de Virginie.*
Am. ♃
tenuifolium, *feuilles étroites.* E. ♃

72. Calla, *Calle , Aroïde.*
ethiopica , *feuilles étroites.*
Af. ♃

palustris, *des marais.* E. ♃

73. Dracuntium, *Draconte.*
pertusum, *feuilles percées.*
Am. ♃

74. Acorus, *Acore.*
calamus, *aromatique.* E. ♃

Cette Classe contient 74 genres, qui
renferment 347 espèces.

CLASSE TROISIÈME.

MONOCOTYLEDONES, Etamines insérées au Calice.

ORDRE I.er

Junci, *les Joncs.*

1. Paris, *Parisette.*
quadrifolia, *à quatre feuilles.* E. ♃
2. Butomus, *Butome.*
umbellatus, *en ombelle.* E. ♃
3. Alisma, *Fluteau.*
plantago, *à feuilles de plantain.* E. ♃
damasonium, *étoilé.* E. ♃
angustifolia, *à feuilles étroites.* E. ♃
natans, *flottant.* E. ♃
4. Sagittaria, *Flechière.*
sagittæfolia, *hastée.* E. ♃
5. Triglochin, *Troscart.*
palustre, *des marais.* E. ♃
maritimum, *maritime.* E. ♃
6. Narthecium, *Narthèce.*
calyculatum, *calyculé.* E.
7. Veratrum, *Varaire.*
album, *blanc.* E. ♃
nigrum, *noir.* E. ♃
8. Colchicum, *Colchique.*
autumnale, *d'automne.* E. ♃
variegatum, *panaché.* E. ♃
9. Commelina, *Commeline.*
africana, *jaune.* Af. ♃
erecta, *droite.* Am. ♃

tuberosa, *tubereuse.* Am. ♃
zannonica, *à fruit mou.*
communis, *commune.* Am. ⊙
cristata, *en crête.* As. ⊙

10. Tradescantia, *Ephemère.*
virginica, *de virginie.* Am. ♃
bicolor , *à deux couleurs.*
Am. ♃
erecta, *droite.* Am. ⊙

11. Aphyllantes, *Jonciole.*
monspeliensis, *de Montpellier.* E. ♃

12. Juncus, *Jonc.*
effusus, *étalé.* E. ♃
acutus, *piquant.* E. ♃
glomeratus, *globuleux.* E. ♃
bulbosus, *bulbeux.* E. ♃
squarrosus, *rude.* E. ♃
articulatus, *articulé.* E. ♃
bufonius, *bifurqué.* E. ⊙
campestris, *printanier.* E. ♃
niveus, *à fleurs blanches.* E. ♃
pilosus, *soyeux.* E. ♃

ORDRE II.

Liliaceæ, *les Liliacées.*

13. Tamnus, *Tamne.*
communis, *commun.* E. ♃
14. Dioscorea, *Igname.*
sativa, *cultivée.* As. ♃

15. Smilax, *Smiguet.*
aspera, *épineuse.* E. ♄
auriculata, *auriculée.* E. ♃
mauritanica, *de Mauritanie.* ♃
excelsa, *élevée.* ♃

16. Ruscus, *Fragon.*
aculeatus, *épineux.* E. ♃
hypophyllum, *sans foliole.* E. ♃
hypoglossum, *à foliole.* As. ♃
androgynus, *androgyn.* As. ♃
racemosus, *à grappes.* As. ♄

17. Medeola, *Médéole.*
asparagoïdes, *grimpant.* Af. ♃

18. Dracœna, *Dragonier.*
draco, *sang-dragon officinal.* As. ♄
angustifolia, *feuilles étroites.* Am. ♄
terminalis, *à feuilles rouges.* ♄

19. Dianella, *Dianelle.*
ensifolia, *à feuilles unies.* Am. ♄

20. Asparagus, *Asperge.*
officinalis, *officinale.* E. ♃
— sativa, *cultivée.* E. ♃
maritimus, *maritime.* E. ♃
crispus, *crépue.*
retrofractus, *coudée.* As. ♃
asiaticus, *d'Asie.* As. ♃
declinatus, *tombante.* As. ♃
albus, *blanche.* As. ♃
capensis, *du Cap.* Af. ♃
sarmentosus, *sarmenteuse.* As. ♃
acutifolius, *à feuilles piquantes.* As. ♃
aphyllus, *sans feuilles.* As. ♃

21. Convallaria, *Muguet.*
maïalis, *de mai.* E. ♃
polygonatum, *sceau de Salomon.* E. ♃
multiflora, *à fleurs nombreuses.* E. ♃
verticillata, *verticillé.* E. ♃
racemosa, *à grappes.* E. ♃
bifolia, *à deux feuilles.* E. ♃
japonica, *du Japon.* As. ♃
stellata, *étoilé.* E. ♃

22. Uvularia, *Uvulaire.*
perfoliata, *perfoliée.* Am. sept. ♃
amplexifolia, *des Alpes.* E. ♃

23. Gloriosa, *Méthonique.*
superba, *de Malabar.* As. ♃

24. Lilium, *Lys.*
candidum, *blanc.* E. ♃
bulbiferum, *bulbifère.* E. ♃
croceum, *orangé.* E. ♃
pomponium, *pomponier.* E. ♃
martagon. Am. sept. ♃
chalcedonicum, *hémerocalle.* E. ♃
superbum, *superbe.* Am. sept. ♃
pyrenaïcum, *des Pyrénées.* E. ♃

25. Fritillaria, *Fritillaire.*
imperialis, *couronne impériale.* As. ♃
regia, *crenelée.* Af. ♃
punctata, *ponctuée.* Af. ♃
Persica, *de Perse.* As. ♃
meleagris, *damier.* As. ♃

26. Erythronium.
dens canis, *dent de chien.* E. ♃

27. Tulipa, *Tulipe.*
gelneriana, *des jardins.* E. ♃
sylvestris, *sauvage.* E. ♃

28. Yucca.
gloriosa, *feuilles entières.* Am. ♃
aloïfolia, *à feuilles d'aloès.* Am. ♃
pendula, *à feuilles pendantes.* Am. ♄
draconis, *à larges feuilles.* Am. ♄
filamentosa, *filamenteuse.* Am. sept. ♃

29. Asphodelus, *Asphodèle.*
luteus, *jaune.* E. ♃
ramosus, *rameux.* E. ♃
spicatus, *à épi.* E. ♃
fistulosus, *fistuleux.* E. ♃

30. Anthericum, *Antheric.*
revolutum, *réfléchi.* E. ♃
fastigiatum, *élevé.* As. ♃
ramosum, *rameux.* E. ♃

liliago, *à épi.* E. ♃
liliastrum, *lys de Saint-Bruno.* E. ♃
frutescens, *arbrisseau.* Af. ♃
aloïdes, *à feuilles d'aloès.*
Af. ♃
asphodeloïdes , *à feuilles
d'asphodèle.* Af. ♃
annuum, *annuel.* E. ☉

31. Aletris.
capensis, *du Cap.* Af. ♃
zeilanica, *de Ceylan.* As. ♄
guineensis, *de Guinée.* Af. ♃
flagrans, *odorant.* Af. ♃
uvaria, *à grappes.* Af. ♃

32. Pitcairnia.
bromeliæfolia, *à feuilles d'a-
nanas.* Am. mérid. ♃

33. Aloë, *Aloës.*
purpurea, *pourpre.* Am. ♄
vulgaris, *commun.* As. ♄
abyssinica, *d'Abyssinie.* Af.
♄
vera, *des Indes.* As. ♄
succotrina, *succotrin.* As. ♄
fruticosa, *corne de belier.*
As. ♄
ferox, *féroce.* Af. ♄
mitræformis, *mitré.* Af. ♄
—angustior, *à feuilles étroites.* Af. ♄
perfoliata, *perfolié.* Af. ♄
—angustifolia , *à feuilles
étroites.* Af. ♄
—brevissima *à feuilles courtes.* As. ♄
humilis, *nain.* Af. ♃
maculata, *moucheté.* Af. ♄
—major, *moucheté à feuil.
larges.* As. ♄
picta, *panaché.* Af. ♄
variegata, *perroquet.* As. ♄
disticha, *distique.* As. ♄
—triangularis, *triangulaire.*
Af. ♄
—latifolia, *à feuilles larges.*
Af. ♄
—verrucosa , *tuberculeux.*
Af. ♄
plicatilis, *éventail.* Af. ♄
spiralis, *épi de bled.* As. ♄
retusa, *écrasé.* Af. ♄
viscosa, *visqueux.* Af. ♄

rigida , *à feuilles roides.*
Af. ♄
obliquata, *oblique.* Af. ♄
racemosa, *à grappes.* Am. ♃
margaritifera , *perlé.* Af. ♃
—pumila, *perlé nain.* Af. ♃
arachnoïdea , *patte d'arai-
gnee.* Af. ♃
atrovirens , *verd - noirâtre.*
Af. ♃

34. Allium, *Ail.*
cepa, *oignon.* E. ♃
schœnoprasum, *civette.* As. ♃
lusitanicum, *de Portugal.*
E. ♃
flavum, *jaune.* E. ♃
parviflorum, *à petites fleurs*
E. ♃
vineale, *des vignes.* E. ♃
ascalonicum, *échalotte.* As. ♃
obliquum, *oblique.* E. ♃
porrum, *poireau.* E. ♃
ampeloprasum, *bulheux.* E. ♃
victorialis, *à feuilles planes.*
E. ♃
subhirsutum, *velu.* E. ♃
magicum, *des Indes.* As. ♃
sativum, *cultivé.* E. ♃
scorodoprasum, *rocambole.*
E. ♃
carinatum, *long spathe.* E.
♃
spherocephalum, *sphérique.*
E. ♃
pallens, *à fleurs pâles.* E. ♃
paniculatum, *paniculé.* E. ♃
oleraceum, *à fleurs vertes.*
E. ♃
senescens. E. ♃
nutans, *penché.* E. ♃
angulosum, *anguleux.* E. ♃
moly. E. ♃
roseum, *rose.* E. ♃
ursinum, *petiolé.* E. ♃

35. Albuca.
major, *à fleurs blanches.* ♃

36. Ornithogalum, *Ornithogale*
luteum, *jaune.* E. ♃
pyrenaïcum, *des Pyrénées.*
E. ♃
album, *blanc.* E. ♃
narbonense, *de Narbonne.*
E. ♃

umbellatum , *ombellifère.*
E. ♃
pyramidale,*pyramidal.*E.♃
longibracteatum, *à longues
    bractées.* ♃
albucoïdes, *à feuilles d'al-
    buca.* ♃
37. Scilla, *Scille.*
maritima, *officinale.* E. ♃
peruviana, *du Pérou.* Am.♃
amœna, *anguleuse.* As. ♃
italica , *d'Italie.* E. ♃
lilio-hyacinthus, *écailleuse.*
    E. ♃
umbellata,*ombellifère.*E. ♃
undulata , *ondée.* Af. ♃
hyacinthoïdes,*jacinthe.*E.♃
autumnalis,*d'automne.*E.♃
bifolia,*à deux feuilles.*E. ♃
38. Hyacinthus , *Jacinthe.*
non scriptus, *des bois.* E. ♃
amethysteus,*améthiste.*E. ♃
serotinus,*rouillée.* ♃
orientalis, *cultivée.* As. ♃
muscari. As. ♄
monstrosus , *monstrueuse.*
    E. ♃
comosus, *chevelue.* E. ♃
racemosus, *à grappes.* E. ♃
viridis, *verte.* E. ♃
39. Polyanthes, *Tubereuse.*
tuberosa, *des jardins.* ♃
40. Alstroemeria, *Pelegrine.*
pelegrina , *tachetée.* Am.
    mér. ♃
ligtu,*veinée.* Am. ♃
41. Hemerocallis,*Hemerocale.*
fulva , *rouge.* E. ♃
flava,*jaune.* E. ♃

O R D R E III.

Narcissi, *les Narcisses.*

42. Agave, *Agavet.*
americana , *d'Amérique.*
    Am. ♄
—variegata,*panaché.* Am. ♄
mexicana , *du Mexique.*
    Am. ♄
—angustifolia , *à feuilles
    étroites.* Am. ♄
vivipara, *vivipare.* Am. ♄
fœtida,*fétide.* As. ♄

43. Hœmanthus, *Hémanthe.*
coccineus, *écarlate.* Af. ♃
ciliaris, *ciliée.* Af. ♃
puniceus, *ponceau.* Af. ♃
villosus,*velue.* Af. ♃
44. Crinum, *Crinole.*
asiaticum, *bulbifère.* As. ♃
africanum, *à fleurs bleues.*
    Af. ♃
zeilanicum , *à feuilles den-
    tées.* Am. ♃
americanum , *à fleurs blan-
    ches.* Am. ♃
45. Amaryllis. —
lutea, *jaune.* E. ♃
atamasco. Am. sept. ♃
formosissima, *lys de Saint-
    Jacques.* Am. mér. ♃
reginæ, *belladone.* Am. ♃
æstivalis, *d'été.* Am. ♃
belladona , *rouge.* Am. ♃
sarniensis,*gernesiène.* Af. ♃
africana , *d'Afrique.* Af. ♃
46. Pancratium, *Pancrais.*
caribœum, *odorant.* Af. ♃
maritimum, *maritime.*E. ♃
illyricum , *feuilles obtuses.*
    E. ♃
47. Narcissus, *Narcisse.*
poeticus, *blanc.* E. ♃
— biflorus , *biflore.* E. ♃
pseudo-narcissus , *porion.*
    E. ♃
hispanicus,*d'Espagne.*E. ♃
—biflorus, *biflore.* E. ♃
tazetta, *à bouquets.* E. ♃
bulbocodium,*trompette.*As.
    ♃
jonquilla, *jonquille.* E. ♃

O R D R E IV.

Irides, *les Iris.*

48. Sisyrinchium, *Bermudiène.*
bermudiana,*à petites fleurs.*
    E. ♃
—major, *à grandes fleurs.*
    E. ♃
reticulatum, *à rezeau.* As. ♃
49. Ferraria, *Ferrare.*
undulata, *ondée.* Af. ♃

50. Iris. —
susiana, *de Suze.* As. ♃
florentina, *de Florence.* E. ♃
germanica, *flambe.* E. ♃
— cærulea, *bleue.* E. ♃
— pallidior, *très-pále.* E. ♃
— pallida, *pále.* E. ♃
— venosa, *reinée.* E. ♃
— violacea, *violette.* E. ♃
swertii, *de Swert.* E. ♃
aphylla, *tige nue.* E. ♃
pumila, *naine.* E. ♃
squalens, *jaune sale.* E. ♃
variegata, *panachée.* E. ♃
pseudo-acorus, *des marais.*
    E. ♃
verna, *printanière.* E. ♃
fœtidissima, *puante.* E. ♃
sibirica, *fistuleuse.* E. ♃
ochroleuca, *jaunâtre.* E. ♃
spuria, *feuilles étroites.* E. ♃
graminea, *comprimée.* E. ♃
xyphium. — E. ♃
persica, *de Perse.* As. ♃
tuberosa, *tubéreuse.* As. ♃

sisyrinchium, *à feuilles de safran.* E. ♃
51. Morœa, *Morée.*
irioïdes, *à feuilles d'Iris.* E. ♃
52. Ixia, *Ixie.*
bulbocodium. Af. ♃
crocata, *safranée.* Af. ♃
bulbifera, *bulbifère.* Af. ♃
chinensis, *de Chine.* As. ♃
53. Wachendorfia.
paniculata, *paniculée.* As. ♃
54. Gladiolus, *Glayeul.*
communis, *commun.* E ♃
plicatus, *plissé.* Af. ♃
tristis, *odorant.* Af. ♃
angustus, *à feuilles étroites.* Af. ♃
55. Antholyza, *Antholise.*
æthiopica, *d'Ethiopie.* Af. ♃
56. Crocus, *Safran.*
vernus, *printanier.* E. ♃
sativus, *cultivé.* E. ♃

Cette Classe contient 56 genres qui renferment 277 espèces.

CLASSE QUATRIÈME.

MONOCOTYLEDONES, Etamines épigynes.

ORDRE I.er

Musæ, *les Bananiers.*

1. Hydrocharis, *Morrène.*
morsus-ranæ, *aquatique.* E. ♃
2. Hipoxis.
erecta, *droite.* Am. ♃
pilosa, *velue.* Am. ♃
3. Leucoium, *Nivéole.*
vernum, *à une fleur.* E. ♃
æstivum, *à bouquets.* E. ♃
4. Galanthus, *Galantine.*
nivalis, *perce-neige.* E. ♃
5. Stratiotes.
aloïdes, *à feuilles d'aloës.* E. ♃
6. Strelitzia.
reginæ. Af. ♃

7. Bromelia, *Ananas.*
ananas, *cultivé.* Am. ♃
karatas, *sans tige.* Am. mér. ♄
8. Pandanus, *Baquois.*
odoratissima, *odorant.* Am. ♃
9. Ravenala, *Ravénale.*
....
10. Musa, *Bananier.*
sapientum, *à petit fruit.* As. ♃
paradisiaca, *à grand fruit.* As. ♃

ORDRE II.

Cannæ, *les Balisiers.*

11. Canna, *Balisier.*
indica, *à fleurs rouges.* As. ♃

punctata, *à fleurs tachetées.* As. ♃
glauca, *glauque.* Am. ♃
12. Amomum, *Amome.*
zingiber, *gingembre.* As. ♃
zerumbet. — As. ♃
13. Curcuma.
longa, *safran des Indes.* As. ♃
14. Kæmpferia, *Zédoaire.*
galanga. — As. ♃
15. Costus. —
arabicus, *d'Arabie.* ♃
16. Marantha, *Galanga.*
arundinacea, *rameux.* Am. mér. ♃

ORDRE III.

Orchideæ, *les Orchidées.*

17. Orchis. —
bifolia, *à deux feuilles.* E. ♃
morio. E. ♃
coriophora, *puant.* E. ♃
conopsea, *à long éperon.* E. ♃
militaris, *militaire.* E. ♃
pyramidalis, *pyramidal.* E. ♃
ustulata, *à petites fleurs.* E. ♃
latifolia, *à larges feuilles.* E. ♃

maculata, *moucheté.* E. ♃
— montana, *des montagnes.* E. ♃
abortiva, *violet.* E. ♃
18. Satyrium.
hircinum, *puant.* E. ♃
viride, *à fleurs vertes.* E. ♃
19. Ophrys, *Ophrise.*
nidus avis, *nid d'oiseau.* E. ♃
spiralis, *en spirale.* E. ♃
æstivalis, *d'été.* E. ♃
ovata, *double feuille.* E. ♃
anthropophora, *singe.* E. ♃
læselii, *de Læsel.* E. ♃
insectifera, *mouche.* E. ♃
paludosa, *des marais.* E. ♃
20. Serapias, *Elléborine.*
latifolia, *à feuilles ovales.* E. ♃
grandiflora, *à grandes fleurs.* E. ♃
longifolia, *à longues feuilles.* E. ♃
rubra, *rouge.* E. ♃
21. Limodorum, *Limodore.*
tuberosum, *tubereux.* Am. ♃
22. Cypripedium, *Sabot.*
calceolatum, *des Alpes.* E. ♃
canadense, *de Canada.* E. ♃

Cette Classe contient 22 genres qui renferment 50 espèces.

CLASSE CINQUIÈME.

DICOTYLEDONES APETALES,
Etamines épigynes.

ORDRE 1.er

Aristolochiæ, *les Aristoloches.*

1. Aristolochia, *Aristoloche.*
bilobata, *bilobée.* Am. ♃
indica, *des Indes.* As. ♃
sempervirens, *toujours verte.* As. ♃
pistolochia, *crenelée.* E. ♃
bætica, *de Portugal.* E. ♃

rotunda, *ronde.* E. ♃
sypho, *en syphon* (L'Hérit.) E. ♃
clematis, *clématite.* E. ♃
2. Asarum, *Asaret.*
europeum, *d'Europe.* E. ♃
canadense, *de Canada.* Am. sept. ♃
virginicum, *de Virginie.* Am. ♃

Cette Classe contient 2 genres qui renferment 11 espèces.

C L A S S E   S I X I È M E.

D I C O T Y L E D O N E S   A P E T A L E S,
Etamines périgynes.

O R D R E   I.er

Elœagni, *les Chalefs.*

1. Osyris, *Rouvet.*
   alba, *blanc.* E. ♃
2. Hypophae, *Rhamnoïde.*
   rhamnoïdes, *écailleux.* E. ♄
3. Elœagnus, *Chalef.*
   angustifolia, *à feuilles etroites.* E. ♄
4. Nyssa, *Tupelo.*
   aquatica, *aquatique.* Am. sept. ♄

O R D R E   II.

Thymeleæ, *les Garous.*

5. Dirca.
   palustris, *bois cuir.* Am. ♄
6. Daphne, *Lauréole.*
   mezereum, *bois gentil.* E. ♄
   — album, *blanc.* E. ♄
   alpina, *des Alpes.* E. ♄
   indica, *des Indes.* As ♄
   laureola, *lauréole.* E. ♄
   cneorum. — E. ♄
   gnidium, *sain bois.* E. ♄
   tartonraira. — E. ♄
   dioica, *dioïque.* E. ♄
7. Passerina, *Passerine.*
   hirsuta, *cotoneuse.* E. ♃
8. Thesium.
   linophyllum, *à feuilles de lin.* E. ♃

O R D R E   III.

Sanguisorbæ, *les Sanguisorbes.*

9. Alchimilla, *Alchimille.*
   vulgaris, *commune.* E. ♃
   hybrida, *velue.* E. ♃
   pentaphylla, *à cinq feuilles.* E. ♃
   alpina, *des Alpes.* E. ♃
10. Aphanes, *Percepier.*
    arvensis, *des champs.* E. ☉
11. Cliffortia, *Clifforte.*
    ilicifolia, *à feuilles de houx.* As. ♄
12. Ancistrum, *Ancistre.*
    sanguisorba, *luisant.* As. ♃
13. Poterium, *Pimprenelle.*
    sanguisorba, *cultivée.* E. ♃
    hybridum, *hybride.* E. ♃
    spinosum, *épineuse.* E. ♄
14. Sanguisorba, *Sanguisorbe.*
    officinalis, *officinale.* E. ♃
    media, *à épis.* E. ♃
    canadensis, *de Canada.* Am. sept. ♃
15. Adoxa, *Moscatelle.*
    moschatellina, *des bois.* E. ♃

O R D R E   IV.

Illecebræ, *les Illecèbres.*

16. Scleranthus, *Gnavelle.*
    annuus, *annuelle.* E. ☉
    perennis, *vivace.* E. ♃
17. Galenia, *Galiene.*
    africana, *d'Afrique.* Af. ♄
18. Herniaria, *Herniaire.*
    glabra, *lisse.* E. ♃
    hirsuta, *velue.* E. ♃
    lenticula, *blanche.* E. ♃
19. Illecebrum, *Illecèbre.*
    verticillatum, *verticillé.* E. ☉
    suffruticosum, *arbrisseau.* E. ♄
    paronychia, *paronic.* E. ♃
    capitatum, *à fleurs en tête.* E. ♃

lanatum, *laineux*. As. ♃
ficoïdeum , *ficoïde*. E. ♃
sessile , *à feuilles sessiles.*
  As. ♃
polygonoïde, *à feuilles de*
  polygonum. Am. ♃
halimifolium, *à feuilles d'ar-*
  roche. E. ♃
achyrantha, *à feuilles ova-*
  les. Am. ⊙

ORDRE V.

Polygoneæ , *les Polygonées.*

20. Polygonum. —
  maritimum , *maritime.* E. ♄
  aviculare, *renouée.* E. ♃
  frutescens, *arbrisseau.* E. ♄
  fagopyrum , *sarrazin.* E. ⊙
  tartaricum , *tuberculeux.*
    As. ⊙
  arifolium, *à feuilles d'arum.*
    Am.
  scandens, *grimpant.* Am. ♃
  convolvulus, *liseron,* E. ⊙
  dumetorum , *membraneux.*
    E. ⊙
  cirrhosum , *à vrilles.* Am. ♃
  bistorta, *bistorte.* E. ♃
  —major, *à feuilles larges.*
    E. ♃
  viviparum, *vivipare.* E. ♃
  virginianum , *de Virginie.*
    Am. ♃
  hydropiper , *poivre d'eau.*
    E. ♃
  amphibium, *amphibie.* E. ♃
  persicaria maculata , *pers.*
    tachetée. E. ⊙
  persicaria , *persicaire.* E. ⊙
  —minor, *pers. naine.* E. ⊙
  orientale, *d'Orient.* As. ♃
  pensylvanicum , *de Pensyl-*
    vanie. Am. ♃
  divarigatum, *étalé.* E. ♃
  angustifolium , *à feuilles*
    étroites. E. ♃

21. Coccoloba, *Raisinier.*
  excoriata, *à feuilles longues.*
    Am. ♄
  uvifera, *à grappes.* Am. ♄

22. Atraphaxis , *Atraphace.*
  undulata , *ondée.* Af. ♃
  spinosa , *épineuse.* As. ♃

23. Rumex, *Oseille.*
  lunaria , *arbrisseau.* Af. ♄
  arifolius , *à feuilles d'arum.*
    Af. ♃
  tuberosus, *tubereuse.* E. ♃
  acetosa, *des prés.* E. ♃
  italicus , *d'Italie.* E. ♃
  digynus , *deux styles.* E. ♃
  luxurians, *glauque.* E. ♃
  scutatus, *en bouclier.* E. ♃
  acetosella, *auriculée.* E. ♃
  tingitanus, *de Tanger.* Af. ♃
  bucephalorus, *tête de bœuf.*
    E. ♃
  roseus, *rose.* Af. ♃
  spinosus, *épineuse.* As. ⊙
  maritimus, *maritime.* E. ♂
  divarigatus, *étalée.* E. ♃
  persicarioïdes , *persicaire.*
    Am. ⊙
  ægyptiacus, *d'Egypte.* Af. ⊙
  pulcher, *violon.* E. ♂
  dentatus, *dentée.* E. ♃
  obtusifolius, *feuilles obtuses.*
    E. ♃
  sanguineus latifolius , *rouge,*
    à feuilles larges. Am. sept.
    ♃
  acutus, *feuilles aiguës.* E. ♃
  sanguineus, *rouge.* E. ♃
  crispus, *crépue.* E. ♃
  aquaticus, *aquatique.* E. ♃
  patientia, *patience.* E. ♃
  alpinus, *des Alpes.* E. ♃
  undulatus, *ondée.* E. ♃

24. Rheum, *Rhubarbe.*
  rhaponticum, *rapontic.* As. ♃
  compactum, *compacte.* As. ♃
  ribes, *glanduleuse.* As. ♃
  undulatum, *ondée.* As. ♃
  palmatum, *palmée.* As. ♃

25. Basella, *Baselle.*
  rubra , *rouge.* As. ♂
  alba , *blanche.* As. ⊙
  cordifolia, *à feuilles en cœur.*
    Am. mér. ♃
  vesicaria . *vésiculeuse.*

26. Corrigiola, *Corrigiole.*
  littoralis , *des rivages.* E. ♃

27. Telephium.
imperati, *à feuilles alternes.*
E. ♃
28. Camphorosma, *Camphrée.*
monspeliensis, *de Montpellier.* E. ♃
29. Polycnemum.
arvense, *des champs.* E. ⊙
30. Pallasia, *Pallasie.*
capsica, *d'Asie.* As. ♃

ORDRE VI.

Atriplices, *les Arroches.*

31. Salsola, *Soude.*
brevifolia, *à feuilles courtes.* E. ♃
prostrata, *couchée.* E. ♃
fruticosa, *arbrisseau.* E. ♄
sedifolia, *à feuilles de sedum.* E. ♄
canescens, *blanchâtre.* E. ♄
oppositifolia, *feuilles opposées.* As. ♄
tragus, *épineuse.* E. ⊙
soda, *usuelle.* E. ⊙
rosacea, *en rosette.* As. ⊙
kali. E. ⊙
altissima, *élevée.* E. ⊙
salsa, *salée.* As. ⊙
hirsuta, *velue.* E. ⊙
latifolia, *à feuilles larges.* As. ⊙
32. Spinacia, *Epinard.*
oleracea, *cultivé.* E. ⊙
lævis, *à fruit lisse.* E. ⊙
33. Beta, *Bette.*
vulgaris, *cultivée.* E. ♂
rubra, *rouge.* E. ♂
maritima, *maritime.* E. ♂
cicla, *racine de disette* E. ♂
34. Chenopodium, *Anserine.*
bonus Henricus, *bon Henri.* E. ♃
hybridum, *hybride.* E. ⊙
murale, *des murs.* E. ⊙
serotinum, *tardive.* E. ⊙
atriplicifolium, *à feuilles d'arroche.* E ⊙
viride, *verte.* E. ⊙
album, *blanche.* E. ⊙

ambrosioïdes, *odorante.* ⊙
botrys. E. ⊙
urbicum, *à petites grappes.* E. ⊙
multifidum, *découpée.* E. ⊙
anthelminticum, *anthelmintique.* Am. ⊙
vulvaria, *fetide.* E. ⊙
rubrum, *rougeâtre.* E. ⊙
glaucum, *glauque.* E. ⊙
polyspermum, *polysperme.* E. ⊙
scoparia, *belvedère.* As. ⊙
maritimum, *maritime.* E. ⊙
villosum, *velue.* E. ⊙
sinense, *de Chine.* As. ⊙
aristatum, *barbue.*
35. Atriplex, *Arroche.*
halimus, *halime.* E. ♄
portulacoïdes, *à feuilles de pourpier.* E. ♄
fruticosa, *ligneuse.* ♄
rosea, *à fruit rose.* E. ⊙
sibirica, *de Sibérie.*
hortensis, *des jardins.* As. ⊙
rubra, *rouge cendrée.* ⊙
ruberrima, *très-rouge.* ⊙
bengalensis, *du Bengale.* As. ⊙
virgata, *effilée.* ⊙
laciniata, *laciniée.* F. ⊙
hastata, *hastée.* E. ⊙
littoralis, *à feuilles etroites.* E. ⊙
lucida, *luisante.* As. ⊙
patula, *étalée.*
36. Parietaria, *Pariétaire.*
officinalis, *officinale.* E. ♃
cretica, *de Crète.* E. ♃
37. Axiris.
hybrida, *hybride.*
amaranthoïdes, *à feuilles d'amaranthe.* As. ⊙
38. Blitum, *Blette.*
virgatum, *effilée.* E. ⊙
capitatum, *fleurs en tête.* E. ⊙
chenopodioïdes, *à feuilles d'anserine.* E. ⊙
39. Salicornia, *Salicorne.*
herbacea, *herbacée.* E. ⊙
fruticosa, *ligneuse.* E. ♃

40. **Corispermum,** *Corisperme.*
squarrosum, *à épi.* As. ☉
hyssopifolium, *à fleurs axillaires.* As. ☉
41. **Petiveria.**
alliacea, *à odeur d'ail.* Am. ♄
42. **Rivina.**
humilis, *velue.* Am. ♃
octandra, *à 8 étamines.* Am ♃
lævis, *lisse.* Am. ♃

43. **Phytolacca.**
octandra, *à 8 étamines.* Am. ♃
decandra, *à 10 étamines.*
Am. ♃
icosandra, *à 20 étamines.*
Am. ♃
dioïca, *dioïque.* Am. ♄
dodecandra, *à 12 étamines.*
Am. ♃

Cette Classe contient 43 genres qui
comprennent 181 espèces.

CLASSE SEPTIÈME.

DICOTYLEDONES APETALES,
Etamines hypogynes.

ORDRE I.er

Jalappæ, *les Jalaps.*

1. **Bosea,** *Bosé.*
yervamora, *ligneux.*
2. **Pisonia.**
aculeata, *épineux.* Am. ♄
3. **Mirabilis,** *Nictage.*
jalappa, *faux jalap.*
lutea, *jaune.*
longiflora, *à longues fleurs.*
Am. ♃
viscosa, *visqueuse.* Am. mér.
♃
4. **Boerrhaavia.**
erecta, *droite.*
diffusa, *étalée.*
hirsuta, *velue.*
scandens, *grimpante.*
tuberosa, *tubéreuse.*
5. **Abronia.**
umbellata, *ombellifère.* Am.

ORDRE II.

Amaranthi, *les Amaranthes.*

6. **Amaranthus,** *Amaranthe.*
græcizans, *lancéolée.* Am. ☉
melancholicus, *couleur de
sang.* ☉

albus, *blanche.* ☉
tricolor. — As. ☉
lividus, *rouge livide.*
cararu. —
chlorostachys, *pâle.* Am. ☉
viridis, *verte.* ☉
paniculatus, *paniculée.*
Am. ☉
blitum, *blette.* E. ♃
rubens, *rouge.* Am. ☉
sanguineus, *sanguinolente.*
Am. ☉
retroflexus, *réfléchie.* Am. ☉
polygonoïdes, *membraneuse.*
Am. ☉
oleraceus, *potagère.* As. ☉
caudatus, *à longs épis.* Am. ☉
spinosus, *épineuse.* As. ☉
dioïcus, *dioïque.* ☉
7. **Celosia.**
argentea, *argenté.* Af. ☉
trigyna, *trois styles.* Af. ☉
cristata, *crête de coq.* Af. ☉
coccinea, *pourpre.* As. ☉
lanata, *laineux.* As. ☉
8. **Gomphrena,** *Amaranthine.*
globosa, *globuleuse.* As. ☉
interrupta, *fleurs séparées.*
Am. ☉
frutescens, *ligneuse.* Am. ♃
9. **Iresine.**
celosioïdes, *paniculée.* Am. ♃

3

10. Achyranthes, *Cadelari.*
prostrata, *couché.* As. ♃
argentea, *argenté.* As. ♃
fruticosa, *ligneux.* As. ♃
lappacea, *noir pourpre.* As. ♂
patula, *étalé.* E. ☉
muricata, *épineux.* Af. ♄

O R D R E   III.

Plantagines, *les Plantains.*

11. Plantago, *Plantain.*
psyllium, *herbe aux puces.*
E. ☉
indica, *des Indes.* As. ☉
cynops, *ligneux.* E. ♄
afra, *d'Afrique.* Af. ☉
cucullata, *à feuilles con-*
caves.
media, *moyen.* E. ♃
asiatica, *glabre.* As. ♃
major, *commun.* E. ♃
maxima, *à grandes feuilles.*
E. ♃
lanceolata, *lancéolé.* E. ♃
microcephala, *petite tête.*
E. ☉
crassifolia, *feuilles charnues.*
lagopus, *soyeux.* E. ♃
virginica, *de Virginie.* Am. ☉
serrata, *feuilles en scie.* E. ♃
cretica, *de Crète.* E. ♃
sphero-cephala, *tête ronde.*
E. ♃
maritima, *maritime.* E. ♃
subulata, *en alêne.* E. ♃
læstingii, *de Lesting.* E. ☉
interrupta, *fleurs distinctes.*
Af. ☉
alpina, *des Alpes.* E. ♃

disticha, *distique.* E. ♃
coronopus, *corne de cerf.*
E. ♂

12. Littorella, *Littorelle.*
lacustris, *aquatique.* E. ♃

O R D R E   IV.

Plumbagines, *les Dente-*
laires.

13. Plumbago, *Dentelaire.*
europea, *d'Europe.* E. ♃
scandens, *grimpante.* Am. ♄
— latifolia, *à feuilles larges.*
Am. ♄
rosea, *rose.* As. ♄
14. Statice.
monopetala, *monopétale.*
E. ♄
— angustifolia, *feuilles étroi-*
tes. E. ♄
suffruticosa, *arbrisseau.* ♄
limonium, *larges feuilles.*
E. ♃
cordata, *feuilles en cœur.*
E. ♃
tartarica, *de Tartarie.* As. ♃
trigonoïdes. —
échioïdes, *hérissé.* E. ☉
sinuata, *sinué.* As. ♂
crispa, *crépu.* ♃
minuta, *naine.*
armeria, *gazon d'Olympe.*
E. ♃
— minor, *feuilles linaires.*
E. ♃
lusitanica, *de Portugal.* E. ♃

Cette Classe contient 14 genres qui
comprennent 43 espèces.

CLASSE HUITIÈME.

DICOTYLEDONES MONOPETALES,
Corolle hypogyne.

ORDRE I.er

Lysimachiæ, *les Lysima-*
chies.

1. Protea, *Protée.*
argentea , *arbre d'argent.*
Af. ♄
2. Globularia, *Globulaire.*
vulgaris, *commune.* E. ♃
glauca, *glauque.* E. ♃
nudicaulis, *tiges nues.* E. ♃
cordifolia, *feuilles en cœur.*
E. ♃
alypum , *ligneuse.* E. ♄
salicifolia , *feuilles de saule.*
As. ♄
3. Limosella, *Limoselle.*
aquatica, *aquatique.* E. ♃
4. Selago.
corymbosa, *corymbifère.* Af.
♃
5. Centunculus, *Centenille.*
minimus, *nain.* E. ☉
6. Anagallis, *Mouron.*
arvensis, *rouge.* E. ☉
— cærulea, *bleu.* E. ☉
monelli, *de Monel.* E. ☉
latifolia, *à feuilles larges.*
E. ☉
tenella, *rampant.* E. ☉
7. Lysimachia, *Lysimachie.*
vulgaris, *paniculée.* E. ♃
ephemera, *éphémère.* As. ♃
atropurpurea, *noir pourpre.*
Af. ☉
thyrsiflora , *fleurs en thyrse.*
E. ♃
punctata, *ponctuée.* E. ♃
ciliata, *ciliée.* Am. sept. ♃
linum stellatum, *lin étoilé.*
E. ☉
nemorum, *des bois.* E. ♃

nummularia, *nummulaire.*
E. ♃
8. Hottonia, *Hottone.*
palustris, *des marais.* E. ♃
9. Samolus, *Samole.*
valerandi , *mouron d'eau.*
E. ♂
10. Androsace, *Androselle.*
maxima, *grand calyce.* F. ☉
septentrionalis, *feuilles lan-*
céolées. E. ♂
elongata , *long pédoncule.*
E. ☉
carnea , *purpurine.* E.
11. Primula, *Primevère.*
veris, *commune.* E. ♃
acaulis, *sans tige.* E. ♃
argentea, *argentée.* E. ♃
auriculata , *oreille d'ours.*
E. ♃
farinosa, *farineuse.* E. ♃
viscosa, *visqueuse.* E. ♃
12. Aretia.
vitaliana, *jaune.* E. ♃
alpina, *des Alpes.* E. ♃
13. Cortusa, *Cortuse.*
mathioli, *de Mathiole.*
14. Dodecatheon, *Giroselle.*
meadia. —
15. Cyclamen, *Cyclame.*
europeum , *d'Europe.* E. ♃
orientale, *d'Orient.* As. ♃
16. Soldanella, *Soldanelle.*
alpina, *des Alpes.* E. ♃
17. Coris, *Corise.*
monspeliensis, *de Montpel-*
lier. E.
18. Trientalis, *Trientale.*
europea, *d'Europe.* E. ♃
19. Browalia, *Broualle.*
demissa, *tiges tombantes.*
elata, *élevée.* Am. ☉

ORDRE II.

Veronicæ, *les Véroniques.*

20. Sibthorpia.
europea, *d'Europe.* E. ♃
21. Disandra, *Disandre.*
prostrata, *couchée.* Am. ♃
22. Erinus, *Erine.*
alpinus, *des Alpes.* E. ♃
23. Euphrasia, *Eufraise.*
officinalis, *officinale.* E. ⊙
lutea, *jaune.* E. ⊙
odontites. — E. ⊙
24. Pedicularis, *Pédiculaire.*
pratensis, *des prés.* E. ⊙
sylvatica, *des bois.* E. ⊙
palustris, *des marais.* E. ⊙
25. Rhinanthus, *Cocréte.*
crista galli , *crête de coq.* E. ⊙
26. Melampyrum, *Mélampyre.*
cristatum, *en crête.* E. ⊙
arvense, *pourpre.* E. ⊙
pratense, *des prés.* E. ⊙
sylvaticum, *des bois.* E. ⊙
27. Hebenstretia, *Hébenstrèle.*
dentata , *feuilles dentées.* Af. ♄
28. Polygala.
vulgaris, *commun.* E. ♃
chamæbuxus , *feuilles de buis.* E. ♄
myrtifolia, *feuilles de myrte.* Af. ♄
29. Lindernia, *Linderne.*
pixidaria. — E. ⊙
30. Veronica, *Véronique.*
virginiana , *de Virginie.* Am. ♃
spuria, *feuilles ternées.* E. ♃
maritima, *maritime.* E. ♃
longifolia, *à longues feuilles.* E. ♃
incana, *blanchâtre.* E. ♃
spicata, *à épi.* E. ♃
sibirica, *de Sibérie.* E. ♃
pinnata, *plumée.* As. ♃
hybrida, *hybride.* E. ♃
officinalis, *officinale.* E. ♃

bellidioïdes , *feuilles de paquerette.* E. ♃
fruticulosa , *fruticuleuse.* E. ♃
decussata , *feuilles en croix.* E. ♃
serpillifolia , *feuilles de serpolet.* E. ♃
beccabunga. — E. ♃
anagallis. — E. ⊙
scutellata , *feuilles linaires.* E. ♃
teucrium , *à feuilles de germandrée.* E. ♃
supina, *couchée.* E. ♂
chamædrys. — E. ♃
latifolia, *larges feuilles.* E. ♃
paniculata, *paniculée.* As. ♃
pinnatifida, *pinnatifide.* ♃
multifida , *découpée.* E. ♃
agrestis, *fleurs pédonculées.* E. ♂
arvensis, *fleurs sessiles.* E. ⊙
verna, *printanière.* E. ⊙
triphyllos, *trois lobes.* E. ⊙
romana, *romaine.* E. ⊙
peregrina, *étrangère.* E. ⊙
hederacea, *feuilles de lierre.* E. ⊙
chamæpytioïdes, *feuilles de chamapitis.* E. ⊙

ORDRE III.

Acanthi, *les Acanthes.*

31. Calceolaria, *Calcéolaire.*
pinnata, *plumée.*
32. Justitia, *Carmantine.*
adathoda, *des jardins.* Af. ♄
echolium. Af. ♄
hyssopifolia, *à feuilles d'hyssope.* Af. ♄
ciliaris, *à feuilles ciliées.*
gandarussa. Af. ♄
peruviana, *du Pérou.* Am. ♃
coccinea , *écarlate.* Am. mér. ♃
33. Dianthera (réuni au précédent.)
malabarica , *de Malabare.* As. ♃
34. Ruellia, *Crustolle.*
blechnum. Am. ♃
strepens. Am. sept. ♃

ovata , *à feuilles ovales.*
Am. mér. ♃
tuberosa , *tubéreuse.* Am. ♃
lactea,*à fleurs blanches.*Am.
mér. ♃
patula , *étalée.*
35. Columnea , *Colomnée.*
erecta , *à tige droite.* Am.
mér. ♃
36. Azima , *Azime.*
tetracantha, *à quatre épines.*
♄
37. Acanthus , *Acanthe.*
spinosissimus , *très-épineux.*
As. ♃
mollis , *branc-ursine.* E. ♃
spinosus , *épineux.* E. ♃

O R D R E I V.

Bignoniæ, *les Bignones.*

38. Dodartia , *Dodart.*
orientalis , *d'Orient.* As. ♃
39. Mimulus , *Mimule.*
ringens , *à deux lèvres.*Am.
sept. ♃
40. Capraria , *Capraire.*
biflora , *biflore.* Am. ♄
41. Scoparia.
dulcis , *à feuilles ternées.*
Am. sept. ♃
42. Martynia , *Cornaret.*
annua , *annuel.* Am. mér. ☉
perennis , *vivace.* Am. ♃
43. Bignonia , *Bignone.*
catalpa. Am. ♄
pentaphylla , *à 5 feuilles.*
Am. ♄
quercus , *ondée.* Am. ♄
crucigera , *crucifère.* Am. ♄
unguis , *à griffes.* Am. ♄
capreolata , *en cœur.* Am. ♄
radicans , *feuilles pinnées.*
Am. ♄
radicans minor. Am. ♄
stans , *droite.* Am. ♄
glabra , *glabre.* Am. ♄
44. Sesamum , *Sesame.*
orientale , *d'Orient.* As. ☉
45. Gratiola , *Gratiole.*
officinalis , *officinale.* E. ♃

O R D R E V.

Scrophulariæ, *les Scrophulaires.*

46. Digitalis , *Digitale.*
canariensis , *des Canaries.*
Am. ♃
purpurea , *pourpre.* E. ♂
ferruginea , *rouillée.* E. ♂
lutea , *jaune.* E. ♃
minor , *naine.* E. ♃
obscura , *feuilles étroites.* E.
♃
ambigua , *jaune pâle.* E. ♂
parvi - flora , *petites fleurs.*
As. ♂
47. Antirrhinum , *Muflier.*
versicolor , *varié.*
alpinum , *des Alpes.* E.
cymbalaria,*cymbalaire.*E. ☉
pilosum , *velu.* E. ♃
elatine , *hasté.* E. ☉
— cæruleum , *bleu.* E. ☉
spurium , *retrote.* E. ☉
viscosum , *visqueux.* E. ☉
cirrhosum , *à vrilles.* As. ☉
minus , *nain.* E. ☉
hirtum , *velu.* E. ☉
triphyllum , *à trois feuilles.*
ærugineum , *rouillé.*
purpureum , *violet.* E. ☉
arvense , *à petites fleurs.*
E. ☉
reflexum , *réfléchi.* E. ☉
striatum , *strié.* E. ♃
monspesullanum , *de Montpellier.* E. ♃
pelisserianum , *corymbifère.*
multicaule , *très - rameux.*
E. ☉
marginatum , *membraneux.*
supinum , *couché.* E. ☉
genistifolium , *à feuilles de genet.*
junceum , *effilé.* E. ☉
linaria , *commune.* E. ☉
chalepense,*long calyce.*E.☉
majus , *mufle de veau.* E. ♃
— latifolium, *à larges feuilles.* E. ♃
angustifolium ,*feuilles étroites.*

orontium, *tête de mort.* E. ⊙
sparteum, *bisannuelle.* E. ♂
asarina, *asarine.*
bellidifolium, *feuilles de paquerette.* E. ♂

48. Chelone, *Galane.*
pentastemon, *à 5 étamines.*
Am. ♃
glabra, *glabre.* Am. ♃

49. Scrophularia, *Scrophulaire.*
aquatica, *aquatique.* E.
nodosa, *des bois.* E.
betonicæfolia, *à feuilles de
bétoine.*
cucullata, *à feuilles con-
caves.*
sambucifolia, *à feuilles de
sureau.*
scorodonia. —
orientalis, *d'Orient.* As. ♃
vernalis, *printanière.* E. ♃
nectarifera, *nectarifère.* Af. ♃
peregrina, *étrangère.*
lucida, *luisante.* E. ♃
canina, *à feuilles étroites.*
frutescens, *ligneuse.* E. ♄

50. Spigelia, *Brinvillère.*
anthelmintica, *anthelmintique.*

51. Celsia, *Celsie.*
orientalis, *découpée.* As. ⊙
arcturus, *feuilles larges.* E.
cretica, *de Crète.* E. ♃

52. Hemitomus. —
fruticosus, *arbrisseau.* ♄

53. Verbascum, *Molène.*
thapsus, *bouillon blanc.* E. ♂
lychnitis, *cunéiforme.* E. ♂
— album, *à fleurs blanches.*
E. ♃
boerrhaavii, *de Boerrhaave.*
E. ⊙
phlomoïdes, *phlomoïde.* E. ♂
undulatum, *feuilles ondées.*
As. ♃
thapsoïdes, *hybride.*
nigrum, *noire.* E. ♃
sinuatum, *sinuée.* E. ♂
blattaria, *blattaire.* E. ⊙
alba, *blanche.* E. ⊙
blattaroïdes, *fausse blat-
taire.* E. ⊙

phæniceum, *bleuâtre.*
myconi, *sans tige.*

O R D R E　V I.

Solaneæ, *les Solanées.*

54. Hyosciamus, *Jusquiame.*
niger, *noire.* E. ⊙
albus, *blanche.* E. ⊙
aureus, *jaune.* As. ♄
pusillus, *naine.*
physaloïdes, *à feuilles de
coqueret.*

55. Nicotiana, *Nicotiane.*
tabacum, *tabac.*
fruticosa, *ligneuse.* As. ♄
rustica, *feuilles ovales.* E. ⊙
glutinosa, *glutineuse.*
paniculata, *paniculée.* Am. ⊙

56. Datura, *Stramoine.*
stramonium, *pomme épi-
neuse.* E. ⊙
ferox, *longues épines.* As. ⊙
tatula, *feuilles en cœur.*
E. ⊙
metel, *velu.* Af. ⊙
fastuosa, *à fleurs doubles.* ⊙
lævis, *à fruit lisse.* ⊙
arborea, *en arbre.* Am. mér.
♄

57. Nolana, *Nolane.*
prostrata, *rampante.* Am. ♃

58. Atropa, *Mandragore.*
mandragora, *officinale.* E. ♃
physaloïdes, *anguleuse.* E. ⊙
belladona, *belladone.* E. ♃
frutescens, *arbrisseau.* E. ♄
arborescens, *en arbre.* Am.
mér. ♄
solanacea, *toujours verte.*

59. Physalis, *Coqueret.*
somnifera, *somnifère.* E. ♃
curassavica, *de Curassao.*
Am. ♃
arborescens, *en arbre.* Am.
mér. ♄
viscosa, *visqueux.*
solanacca, *petit calyce.*
pensylvanica, *de Pensylvanie.* Am. ♃
pubescens, *velu.* Am.
angulosa, *anguleux.* As. ⊙

prostrata, *couché*. E. ☉
pruinosa, *fleurs planes*.
Am. ☉
alkekengi, *alkekenge*. E. ♃

60. Solanum, *Morelle*.
lycopersicum, *tomate*. Am.
mér. ☉
pseudo-lycopersicum, *fausse tomate*. Am ☉
peruvianum, *du Perou*.
Am. ☉
dulcamara, *douce amère*.
E. ♃
crassifolium, *feuilles épaisses*. Af. ♄
quercifolium, *feuilles de chêne*.
corymbosum, *corymbifère*.
radicans, *rampante*. Am. mér. ♃
nigrum, *noire*. E. ♃
villosum, *velu*. E. ☉
virginicum, *de Virginie*. Am.
tuberosum, *pomme de terre*.
reclinatum, *penchée*.
macrocarpon, *gros fruit*.
Am. mér. ♄
bonariense, *à bouquets*.
Am. ♄
diphyllum, *deux feuilles*.
Am. ♄
pseudo-capscicum, *faux piment*. Af. ♄
verbascifolium, *à feuilles de molène*.
stipulaceum, *à stipules*.
laurifolium, *à feuilles de laurier*.
melongena, *aubergine*. As. ☉
—ovifera, *ovifère*. As. ☉
æthiopicum, *d'Ethiopie*. Af.
mammosum, *pomme de teton*.
capsicoïdes. —
sodomæum, *feuil. lobées*. ♄
triquetrum, *triangulaire*.
Am. ♃
fuscatum. *brune*.
sarmentosum, *sarmenteuse*.
giganteum, *gigantesque*.
Af. ♄
marginatum, *blanche*. Af. ♄
tomentosum, *cotoneuse*.
coccineum, *écarlate*. As. ♄

igneum, *couleur de feu*.
Am. ♄
aculeatissimum, *très-épineuse*.
pyracantha, *épines rouges*.
acanthifolium, *feuilles d'acanthe*. As. ♄
carolinianum, *de la Caroline*.

61. Capsicum, *Piment*.
conoïdeum, *conique*. Am. ☉
grossum, *à gros fruit*.
baccatum, *baccifère*.
frutescens, *enragé*. As. ♄
olivæforme, *olive*.
cerasiforme, *cerise*.

62. Lycium, *Liciet*.
afrum, *feuilles linéaires*.
Af. ♄
barbarum, *feuilles lancéolées*. Af. ♄
europeum, *d'Europe*. E. ♄

63. Cestrum, *Cestreau*.
nocturnum, *galant de nuit*.
Am. ♄
diurnum, *galant de jour*.
Am. ♄
laurifolium, *à feuilles de laurier*. Am. ♄
auriculatum, *auriculé*.
jamaïcense, *de la Jamaïque*. ♄
parqui. ♄

64. Brunsfelsia, *Brunsfel*.
americana, *d'Amérique*.
Am. ♄

65. Crescentia, *Calebassier*.
cujete, *grand fruit*. Am. ♄

66. Bontia, *Daphnot*.
daphnoïdes, *feuilles de Daphné*. Am. ♄

ORDRE VII.

Jasmina, *les Jasmins*.

67. Jasminum, *Jasmin*.
fruticans, *cytise*. E. ♄
humile, *d'Italie*. E. ♄
odoratissimum, *jonquille*.
As. ♄
azoricum, *des Açores*. Am. ♄
officinale, *cultivé*. E. ♄
grandiflorum, *grandes fleurs*.
E. ♄

68. Nictantes, *Sambac.*
sambac, *odorant.* As. ♄
69. Phyllirœa, *Filaria.*
angustiflora, *à feuilles étroi-*
tes, E. ♄
lævis, *lisse.* E. ♄
media, *moyen.* E. ♄
latifolia, *à larges feuilles.*
E. ♄
70. Olea, *Olivier.*
europea, *cultivé.* E. ♄
buxifolia, *à feuilles de buis.*
Af. ♄
odorata, *odorant.* As. ♄.
americana, *d'Amérique.*
Am. ♄
71. Fontanesia.
phyllirœoïdes, *feuilles de fi-*
laria. ♄
72. Chionanthus, *Chionanthe.*
virginicus, *de Virginie.*
Am. ♄
73. Ligustrum, *Troëne.*
vulgare, *commun.* E. ♄
74. Syringa, *Lilas.*
vulgaris, *des jardins.* As. ♄
—purpurea, *de Marly.* As. ♄
persica, *de Perse.* As. ♄
—laciniata, *découpé.* As. ♄
75. Fraxinus, *Frêne.*
excelsior, *des bois.* E. ♄
—argentea, *argenté.* E. ♄
subvillosa, *bouton velu.* Am.
sept. ♄.
exc. verrucosa, *graveleux.*
Am. sept. ♄
jaspidea, *bois jaspé.* ♄
exc. horisontalis, *horison-*
tal. ♄
exc. aurea, *jaune.* ♄
exc. pendula, *pendant.* ♄
monophylla, *à une feuille.* ♄
lentiscifolia, *à mèche.* ♄
americana, *d'Amérique.*
Am. sept. ♄
ornus, *à pétales.* E. ♄
rotundifolia, *à feuilles ron-*
des. E. ♄
caroliniana, *de la Caroline.*
Am. ♄
sambucifolia, *à feuilles de*
sureau. Am. sept. ♄

juglandifolia, *à feuilles de*
noyer. Am. sept. ♄.

ORDRE VIII.

Verbenæ, *les Verveines.*

76. Budleja, *Budleje.*
globosa, *globuleux.* Am. ♄
77. Cornutia, *Agnanthe.*
pyramidalis, *pyramidale.*
Am. ♄
78. Duranta, *Durante.*
plumerii, *épineuse.* Am. ♄
—minor, *à petites feuilles.*
Am. ♄
inermis, *sans épines.* ♄
79. Halleria, *Haller.*
lucida, *luisante.* Af. ♄
80. Citharexilum, *Côtelet.*
cinereum, *cendré.* Am. ♄
quadrangulare, *quadrangu-*
laire. Am. ♄
caudatum, *longs épis.* Am. ♄
81. Volkameria.
aculeata, *épineuse.* Am. ♄
inermis, *sans épines.* As. ☉
angustifolia, *feuil. étroites.*
Am. ♄
82. Vitex, *Gatilier.*
agnus castus, *officinal.* E. ♄
albidus, *fleurs blanches.* E. ♄
negundo, E. ♄
alba, *blanc.* Am. ♄
mexicana, *du Mexique.* Am.
♄
argentea, *satiné.* Am. ♄
83. Callicarpa, *Callicarpe.*
americana, *d'Amérique.*
Am. ♄
84. Lantana, *Camara.*
trifoliata, *feuilles ternées.*
Am. ♄
salvifolia, *feuilles de sauge.*
Am. ♄
involucrata, *à involucre.*
Am. ♄
camara, *des jardins.* Am. ♄
cinerea, *cendré.* Am. mér. ♄
aculeata, *épineux.* Am. ♄
variegata, *panaché.* Am. ♄
aculeata flava, *jaune.* Am. ♄
africana, *ailé.* Af. ♄

85. Verbena, *Verveine.*
  capitata, *à globules.* ♄
  triphylla, *feuilles ternées.* ♄
  mexicana, *du Mexique.*
    Am. ☉
  jamaïcensis, *de la Jamaï-*
    que. Am. ☉
  indica, *des Indes.* As. ☉
  aubletia, *à longues fleurs.*
  nodiflora, *fleurs axillaires.*
    Am. sept. ☉
  urticæfolia, *à feuil. d'orties.*
  paniculata, *en panicule.*
  hastata, *hastée.* Am. sept. ♃
  supina, *couchée.* E. ☉
  bonariensis, *lancéolée.* Am.
    ♃
  officinalis, *officinale.* E. ♃

ORDRE IX.

Labiatæ, *les Labiées.*

86. Lycopus, *Lycope.*
  europæus, *d'Europe.* E. ♃
  pinnatifidus, *à feuilles plu-*
    mées. E. ♃
87. Amethistea, *Améthistée.*
  cærulea, *petites fleurs.* As. ☉
88. Cunila, *Cunile.*
  thymoïdes, *à feuilles de*
    thym.
89. Ziziphora.
  capitata, *fleurs en tête.* As. ☉
  tenuior, *verticillée.* As. ☉
90. Monarda, *Monarde.*
  fistulosa, *fistuleuse.* E. ♃
  didyma, *écarlate.* Am. ♃
  punctata, *ponctuée.* Am.
    sept. ☉
  ciliata, *ciliée.*
91. Rosmarinus, *Romarin.*
  officinalis, *officinal.* E. ♃
92. Salvia, *Sauge.*
  pomifera, *pomifère.* E. ♃
  officinalis, *officinale.* E. ♃
  — latifolia, *à larges feuilles.*
    E. ♃
  — tricolor. E. ♃
  — variegata, *panachée.* E. ♃
  — tenuior, *de Catalogne.* E.
    ♃
  cretica, *de Crète.* E. ♃

africana, *d'Afrique.* Afr. ♄
paniculata, *paniculée.* Af. ♄
aurea, *jaune.* Af. ♄
coccinea, *rouge.* Am. sept. ♃
formosa, *écarlate.*
scabiosa, *à feuilles de sca-*
  bieuse. As. ♃
pinnata, *plumée.* As. ♄
glutinosa, *glutineuse.* E. ♃
canariensis, *des Canaries.*
  Am. ♄
pratensis, *des prés.* E. ♃
mexicana, *du Mexique.*
  Am. ♄
sylvestris, *sauvage.* E. ♃
sclarea, *orvale.* E. ♂
orientalis, *d'Orient.* As. ♂
præcox, *précoce.* Af. ☉
æthiopis, *laineuse.* E. ♂
austria, *d'Autriche.* E. ♂
argentea, *argentée.* E. ♂
indica, *des Indes.* As. ♃
fœtida, *puante.* Af. ♄
ceratophylla, *feuilles cor-*
  nues. As. ♂
bicolor. Af. ♂
ceratophylloïdes, *laciniée.*
  E. ☉
nubia, *de Nubie.* Af. ☉
urticæfolia, *à feuilles d'or-*
  ties. E. ♃
nemorosa, *des bois.* E. ♂
syriaca, *de Syrie.*
disermas. As. ♃
nilotica, *du Nil.* Af. ♂
hæmatodes, *maculée.*
viscosa, *visqueuse.*
verticillata, *verticillée.* E. ♃
ægyptiaca, *d'Egypte.* As. ☉
horminum, *hormin.* E. ☉
— rubens, E. ☉
verbenaca, *verveine.*
viridis, *verte.* E. ☉
lyrata, *lyrée.* Am. sept. ♂
virgata, *effilée.* E. ☉
clandestina, *clandestine.*
hispanica, *d'Espagne.* E. ☉
dominica, *petites fleurs.*
  Am. ☉
tiliæfolia, *à feuilles de til-*
  leul. Am. ☉
nutans, *penchée.* E. ♃
pendula, *pendante.* E. ♃

93. Collinsonia, *Collinsone.*
canadensis, *de Canada.* Am. sept. ♃
94. Ajuga, *Bugle.*
orientalis, *d'Orient.* As. ♃
genevensis, *de Genève.* E. ♃
reptans, *rampante.* E. ♃
95. Teucrium, *Germandrée.*
bicolorum, *bicolore.*
frutescens, *ligneuse.* ♄
betonicum, *feuilles de bé-toine.*
abutiloïdes, *feuilles d'abu-tilon.* ♃
campanulatum, *campani-forme.* As. ♃
pseudo-chamæpytis, *faux-chamæpytis.* E. ♃
chamæpytis. E. ☉
iva, *ivette.* E.
botrys. E. ☉
nyssolianum, *de Nissole.* E. ☉
flavum, *jaune.*
creticum, *de Crète.* As. ♄.
chamædrys, *petit chêne.* E. ♃
lucidum, *luisante.* E. ♃
chamædrys major, *grand chamædrys.* E. ♃
marum, *herbe aux chats.* E. ♃
multiflorum, *fleurs nom-breuses.* E. ♃
canadensis, *de Canada.* Am. sept. ♃
massiliense, *de Marseille.* E. ♃
scorodonia, *sauge des bois.* E. ♂
hircanium, *à épis.* As. ♃
scordium. E. ♃
montanum, *de montagne.* E. ♃
pyrenaïcum, *des Pyrénées.* E. ♃
polium, *cotoneuse.* E. ♃
—album, *blanc.* E. ♃
capitatum, *fleurs en tête.* E. ♃
asiaticum, *d'Asie.* As. ♃
96. Satureia, *Sarriette.*
globulosa, *à globules.*
græca, *feuilles ovales.* As.

juliana, *feuilles linéaires.* E. ♃
capitata, *fleurs en tête.* E. ♃
thymbra, As. ♃
montana, *de montagne.* E. ♃
hortensis, *des jardins.* E. ♃
97. Hyssopus, *Hyssope.*
officinalis, *officinal.* E. ♃
myrtifolius, *feuilles de myrte.* E. ♄
lophanthus, *fleurs renver-sées.* As. ♄
nepetoïdes, *à feuilles de cataire.* Am. ♂
bracteatus, *à grandes brac-tées.* Af. ☉
98. Nepeta, *Cataire.*
cataria, *herbe aux chats.* E. ♃
pannonica, *en panicule.* E. ♃
nepetella, *à grappes.* E. ♃
nuda, *glabre.* E. ♃
violacea, *violette.* E. ♃
crispa, *crêpue.*
alba, *blanche.* E. ♃
italica, *d'Italie.* E. ♃
reticulata, *veinée.* Af. ♃
tuberosa, *tubereuse.* E. ♃
pectinata, *pectinée.* Am. ♃
multifida, *découpée.* As. ☉
99. Perilla, *Perille.*
ocymoïdes, *à feuilles de basilic.* Am. ☉
100. Lavandula, *Lavande.*
spica, *spic.* E. ♃
—latifolia, *à larges feuil.* E. ♃
indica, *des Indes.* As. ♄
pinnata, *plumée.* ♃
multifida, *découpée.* E. ♂
elegans, *élégante.*
dentata, *dentée.* E. ♃
stæchas.
101. Sideritis, *Crapaudine.*
cretica, *de Crète.* E. ♄
incana, *blanche.* E. ♄
canariensis, *des Canaries.* Am. ♄
syriaca, *de Syrie.* As. ♄
perfoliata, *perfoliée.* As. ♃
fœtida, *puante.* As. ♃

hirsuta, *velue*. E. ♃
scordioïdes , *à feuilles de
    scordium*. E. ♃
romana, *épineuse*. E. ♂
montana, *de montagne*. E.
    ⊙
nigricans, *noire*. E. ⊙

102. Mentha, *Menthe*.
sylvestris, *sauvage*. E. ♃
incana, *blanche*. E. ♃
viridis, *verte*. E. ♃
rotundifolia , *à feuil. ron-
    des*. E. ♃
crispa, *crépue*. As. ♃
aquatica, *aquatique*. E. ♃
gentilis, *purpurine*. E. ♃
sativa, *cultivée*. E. ♃
piperita, *poivrée*. ♃
arvensis, *des champs*. E. ♃
pulegium , *pouliot*. E. ♃
cervina, *fétide*. E. ♃

103. Glecoma, *Lierre terrestre*.
hederacea. —

104. Lamium, *Lamier*.
orvala, *grandes feuil*. E. ♃
lævigatum, *lisse*. E. ♃
album , *blanc*. E. ♃
— minus. E. ♃
amplexicaule , *amplexi-
    caule*. E. ♃
purpureum, *pourpre*. E. ♂
garganicum, *feuilles de ca-
    taire*. E. ♃

105. Galeopsis, *Galeope*.
tetrahit. E. ⊙
galeopdolon , *jaune*. E. ⊙
labdanum, *feuilles lancéo-
    lées*. E. ♃

106. Betonica, *Betoine*.
officinalis, *officinale*. E. ♃
hirsuta, *velue*. E. ♃
orientalis, *d'Orient*. E. ♃
alopecurus , *jaune*.

107. Stachys.
sylvatica, *des bois*. E. ♃
palustris, *des marais*. E. ♃
sibirica, *de Sibérie*. As. ♃
hirta , *velue*. E. ⊙
cretica, *de Crète*. E. ♃
germanica, *cotoneuse*. E. ♂
palestina , *de Palestine*. As.
    ♃

recta , *droite*.
circinnata, *feuilles arron-
    dies*. Af. ♃
alpina, *des Alpes*. E. ♃
incana, *blanche*.
annua, *annuelle*. E. ⊙
maritima, *maritime*. E. ♂
arvensis, *des champs*.

108. Ballota, *Ballote*.
lanata, *laineuse*. As. ♃
suaveolens, *odorante*. Am.
    ⊙
nigra, *puante*. E. ♃

109. Marrubium , *Marrube*.
vulgare, *officinal*. E. ♃
supinum, *couché*. E. ♃
alysson, *cuneiforme*. E. ♃
crispum, *crépu*. As. ♄
peregrinum, *étranger*. E. ♃
candidissimum, *très-blanc*.
    As. ♃
hispanicum , *d'Espagne*.
    E. ♃
pseudo - dictamus , *faux
    dictame*. As. ♄

110. Leonurus, *Agripaume*.
sibiricus, *de Sibérie*. As. ♂
marrubiastrum, *feuilles de
    marrube*. E. ♂
crispus, *crépue*. ♃
cardiaca, *officinale*. E. ♃
tartaricus , *de Tartarie*.
    As. ♂

111. Phlomis, *Phlomide*.
fruticosa, *arbrisseau*. E. ♄
—angustifolia , *à feuilles
    étroites*. E. ♄
— cretica, *de Crète*. E. ♄
ferruginea , *ferrugineux*.
    E. ♄
purpurea, *pourpre*. E. ♄
lychnites, *feuilles étroites*.
    E. ♄
laciniata, *lacinié*.
herba venti , *violet*. E. ♃
tuberosa, *tubéreux*. As. ♃
leonurus, *écarlate*. Af. ♄
zeilanica, *de Ceylan*. As. ⊙
nepetoïdes, *feuilles de ca-
    taire*. As. ♃

112. Molucella, *Molucelle*.
spinosa, *épineuse*. As. ⊙
lævis, *lisse*. ⊙

113. Clinopodium, *Clinopode.*
vulgare, *commun.* E. ⊙
incanum, *blanc.* Am. sept. ♃

114. Origanum, Origan.
dictamus, *dictame.* As. ♄
sypileum, *glabre.* As. ♃
creticum, *longs épis.* E. ♃
vulgare, *commun.* E. ♃
humile, *nain.* E. ♃
smyrneum, *de Smyrne.* As. ♃
ægyptiacum, *à coquilles.* Af. ♃
majorana, *marjolaine.* E. ♃

115. Thymus, *Thim.*
serpillum, *serpolet.* E. ♃
— villosum, *velu.* E. ♃
zygis, *feuilles linéaires.* E. ♃
minimus, *grêle.* E. ♃
vulgaris, *cultivé.* E. ♃
— latifolius, *à larges feuilles.* E. ♃
piperella. E. ♄
hispanicus, *d'Espagne.* E. ♃
patavinus. E. ⊙.
alpinus, *des Alpes.* E. ⊙
acinos, *annuel.* E. ⊙
virginicus, *de Virginie.* Am. ⊙

116. Thymbra.
spicata, *à épis.*

117. Melissa, *Melisse.*
officinalis, *officinale.* E. ♃
— hirsuta, *velue.* E. ♃
fruticosa, *arbrisseau.* E. ♄
grandiflora, *grandes fleurs.* E. ♃
nepeta, *feuilles de cataire.* E. ♃
calaminta, *calament.* E. ♃
cretica, *de Crète.* E. ♃
parviflora, *petites fleurs.* E. ♃

118. Dracocephalum, *Cataleptique.*
virginianum, *de Virginie.* Am. sept. ♃
canariense, *des Canaries.*
peregrinum, *découpé.*

austriacum, *épineuse.* F. ♃
ruischiana, *feuilles entières.*
sibiricum, *de Sibérie.*
moldavicum, *de Moldavie.* E. ♃
canescens, *blanche.* As. ♂
peltatum, *bouclier.* As. ⊙
nutans, *fleurs penchées.* Af.
thymiflorum, *fleurs de thym.* Af. ⊙

119. Horminum, *Hormin.*
pyrenaïcum, *des Pyrénées.* E. ♃
virginicum, *de Virginie.* Am. sept. ♂

120. Mellitis, *Melite.*
melissophyllum, *feuilles de melisse.* E. ♃

121. Plectranthus.
fruticosus, *arbrisseau.* ♄
punctatus, *ponctué.* Af. ⊙

122. Ocymum, *Basilic.*
gratissimum, *suave.* As. ♃
zeilanicum, *de Ceylan.* As. ♄
grandiflorum, *grandes fleurs.* ♄
muricanum, *franc basin.* Am. ⊙
tenuiflorum, *petites fleurs.* As. ⊙
basilicum, *cultivé.* As. ⊙
— bullatum, *vésiculeux.* As. ⊙
— fimbriatum, *découpé.* As. ♂
minimum, *nain.* As. ⊙

123. Scutellaria, *Scutellaire.*
lupulina, *jaune pâle.* E. ♃
alpina, *des Alpes.* E. ♃
lateriflora, *fleurs latérales.* Am. sept. ♃
galericulata, *toque.* E. ♃
minor, *naine.* E. ♃
integrifolia, *feuilles entières.* Am. sept. ♃
peregrina, *longs épis.* E.
altissima, *élevée.* As.
cretica, *de Crète.* E. ♃

124. Brunella, *Brunelle.*
vulgaris, *commune.* E. ♃

grandiflora, *grandes fleurs.*
E. ♃
laciniata, *laciniée.* E. ♃
hyssopifolia, *feuilles d'hyssope.* E. ♃
125. Cleonia.
lusitanica, *de Portugal.* E. ☉
126. Prasium.
majus, *arbrisseau.* E. ♄
minus, *nain.* E. ♄

ORDRE. X.

Borragineæ, *les Borraginées.*

127. Heliotropum, *Héliotrope.*
peruvianum, *du Pérou.*
Am. ♄
parviflorum, *petites fleurs.*
Am. ☉
indicum, *des Indes.* As. ☉
europeum, *des champs.* E. ☉
supinum, *couchée.* E. ☉
curassavicum, *glauque.*
Am. mér. ☉
128. Echium, *Vipérine.*
vulgare, *officinale.* E. ♂
creticum, *de Crète.* E. ☉
italicum, *d'Italie.* E.
violaceum, *violette.* E. ☉
orientale, *d'Orient.* As. ♃
fruticosum, *arbrisseau.* As.
♄
plantagineum, *feuilles de
plantain.*
129. Lithospermum, *Gremil.*
arvense, *feuilles rudes.* E. ♂
ægyptiacum, *d'Egypte.* Af.
☉
purpuro-cæruleum, *violet.*
E. ♃
officinale, *herbes aux perles.* E. ♃
orientale, *jaune.* As. ♃
130. Pulmonaria, *Pulmonaire.*
angustifolia, *feuilles étroites.* E. ♃
officinalis, *officinale.* E. ♃
virginica, *de Virginie.* Am.
sept. ♃
sibirica, *feuilles en cœur.*
E. ♃

131. Onosma, *Orcanette.*
echioïdes, *fleurs droites.*
simplissima, *fleurs pen-
dantes.* E. ♃
132. Symphitum, *Consoude.*
tuberosum, *tubéreuse.* E. ♃
officinale, *officinale.* E. ♃
133. Borrago, *Bourrache.*
officinalis, *officinale.* E. ☉
orientalis, *d'Orient.* As. ♃
indica, *des Indes.* As. ☉
africana, *d'Afrique.* Af. ♃
134. Lycopsis, *Lycopside.*
vesicaria, *vesiculeuse.* E. ☉
nigricans, *noirâtre.*
arvensis, *des champs.* E. ☉
orientalis, *d'Orient.* As. ☉
135. Myosotis, *Myosote.*
scorpioïdes E. ☉
palustris, *glabre.* E. ♃
virginica, *de Virginie.* Am.
sept. ☉
136. Anchusa, *Buglose.*
officinalis, *officinale.* E. ♃
tinctoria, *orcanette.* E. ♃
angustifolia, *feuilles étroites.* E. ♃
verrucosa, *tuberculeuse.*
Af. ☉
sempervirens, *toujours
verte.* E. ♃
137. Asperugo, *Rapette.*
procumbens, *tombante.* E.
☉
138. Cynoglossum, *Cynoglosse.*
officinale, *officinale.* E. ♂
— cæruleum, *bleue.* E. ♂
apenninum, *de l'Apennin.*
E. ♂
montanum, *de montagne.*
E. ♂
cherifolium, *feuilles de giroflée.* E.
linifolium, *feuilles de lin.*
omphalodes. E. ♃
139. Cerinthe, *Melinet.*
minor, *feuilles aiguës.* E. ☉
major. E. ☉
— versicolor, *panaché.*
E. ☉
140. Messerchmidia, *Arguze.*
arguzia, *arguze.* As. ♃

fruticosa, *ligneuse*. Af. ♄
angustifolia, *feuilles étroites*. As. ♄
141. Ellisia , *Ellise*.
nyctelea ,*fleurs ponctuées*.
142. Hydrophyllum , *Hydro-
phylle*.
virginianum , *feuilles plumées*. Am. sept. ♃
canadense , *feuilles lobées*.
Am. sept. ♃
143. Varronia , *Monjoli*.
martinicensis , *de la Mar-
tinique*. Am. ♄
144. Tournefortia.
cymosa.—
humilis. Am. mér. ♄
scabra , *feuilles rudes*. Am.
♄
arborescens , *arbrisseau*.
Am. mér. ♄
145. Cordia.
mixa , *à feuilles d'aune*.
As. ♄
sebellina , *feuilles de noyer*.
As. ♄
146. Ehretia , *Cabrillet*.
bourreria. Am. ♄
tinifolia , *feuilles de viorne*.
Am. mér. ♄
halimifolia , *feuilles d'ha-
lime*. Am. ♄

ORDRE XI.

Convolvuli, *les Liserons*.

147. Convolvulus , *Liseron*.
arvensis, *des champs*. E. ♃
sepium , *grandes fleurs*.
E. ♃
nil , *à trois lobes*. Am. ⊙
purpureus,*pourpre*. Am. ⊙
batatas , *patate*. As. ♃
— angustus , *rouge*. As. ♃
verticillatus,*verticillé*.Am.
⊙
hirsutus , *velu*. Am. ♃
umbellatus , *ombellifère*.
malabaricus , *du Malabar*.
As. ♄
canariensis , *fleurs planes*.
Am. ♄

hermanniæfolius , *feuilles
d'hermannia*.
farinosus, *farineux*. ⊙
jalappa , *jalap*. Am. ♃
althæoïdes , *feuilles de guimauve*. E. ♃
cairicus , *découpé*. As. ⊙
pentaphyllus, *à 5 folioles*.
Am. ⊙
persicus , *de Perse*. As. ⊙
siculus ,*petites fleurs*. E. ⊙
limatus , *soyeux*. E. ♃
cneorum , *satiné*. E.. ♃
cantabrica , *feuilles étroites*. E. ♃
tricolor. E. ⊙
soldanella ,*soldanelle*. E. ♃
148. Ipomœa , *Quamoclit*.
quamocli , *feuilles linéaires*. As. ⊙
digitata , *digité*. Am. ⊙
coccinea , *écarlate*. Am. ⊙
bonanox , *épineux*. Am. ⊙
triloba ,*à trois lobes*. Am. ⊙
149. Evolvulus , *Liserole*.
alsinoïdes ,*feuilles de mouron*. Af. ⊙
linifolius ,*feuilles de lin*. ⊙
nummularius , *feuilles de
nummulaire*. Am. ⊙
150. Frankenia , *Franquenne*.
pulverulenta , *feuilles ovales*. E. ⊙
lœvis ,*feuil. linéaires*. E. ♃
hirsuta , *velue*. As. ♃
151. Polemonium , *Polemoine*.
cæruleum , *des jardins*.
E. ♃
reptans , *rampant*. Am. ♃
152. Phlox.
glaberrima ,*glabre*. Am. ♃
paniculata , *en panicule*. ♃
pilosa , *velue*. Am. sept. ♃
caroliniana , *de la Caroline*. Am. ♃
maculata , *tachetée*. Am. ♃

ORDRE XII.

Gentianæ, *les Gentianes*.

153. Chironia , *Chirone*.
fruticosa , *arbrisseau*. ♄

154. Chlora, *Chlore.*
perfoliata, *perfoliée.* E. ☉
155. Swertia.
perennis, *vivace.* E. ♃
156. Gentiana, *Gentiane.*
lutea, *jaune.* E. ♃
purpurea, *pourpre.* E. ♃
asclepiadea, *feuilles d'as-clepias.* E. ♃
pneumonanthe, *des prés.* E. ♃
acaulis, *sans tige.* E. ♃
centaurium, *petite centau-rée.* E. ♂
cruciata, *croisette.* E. ♃
filiformis, *filiforme.* E. ♃

ORDRE XIII.

Apocineæ, *les Apocinées.*

157. Vinca, *Pervenche.*
minor, *petites feuilles.* E. ♃
—variegata, *panachée.* E. ♃
major, *officinale.* E. ♃
rosea, *du Cap.* Af. ♄
158. Tabernæmontana.
ansonia. — Am. ♃
159. Plumeria, *Franchipanier.*
rubra, *rouge.* Am. ♄
alba, *blanc.* Am. ♄
160. Nerium, *Laurier-rose.*
oleander. — As. ♄
— odoratum, *odorant.* As. ♄
viminale, *tiges nues.* Af. ♃
161. Stapelia.
variegata, *panachée.* Af. ♃
162. Cynanchum, *Cynanque.*
prostratum, *couché.* Af. ♃
acutum, *feuilles aiguës.* E. ♃
monspeliacum, *de Mont-pellier.* E. ♃
suberosum, *fongueux.* Am. mér. ♃
hirtum, *velu.* Am. ♄
erectum, *élevé.* As. ♄
ægyptiacum, *d'Egypte.* Af. ♄

mauritianum, *de l'île de France.* As. ♄
163. Periploca.
græca, *de Grèce.* E. ♃
angustifolia, *feuilles étroi-tes.* Af. ♄
164. Apocinum, *Apocin.*
androsæmifolium, *gobe-mouche.* Am. sept. ♄
cannabinum, *feuilles ver-tes.* Am. sept. ♃
venetum, *feuilles dentées.* E. ♃
165. Asclepias, *Asclépiade.*
vincetoxicum, *dompteve-nin.* E. ♃
nigra, *noir.* E. ♃
nivea, *blanc.* E. ♃
curassavica, *de Curassao.* As. ♃
incarnata, *rouge.* Am. ♃
syriaca, *à la ouatte.* As. ♃
fruticosa, *ligneux.* As. ♄
crassifolia, *feuilles épais-ses.* As. ♄
tuberosa, *tubéreux.* Am. ♄

ORDRE XIV.

Sapotæ, *les Sapotilliers.*

166. Arduinia.
bispinosa, *à deux épines.* As. ♄
167. Rauvolfia.
nitida, *luisant.* Am. mér. ♄
168. Myrsine, *Mirsine.*
africana, *d'Afrique.* Af. ♄
169. Sideroxilum, *Argan.*
inerme, *sans épines.* Af. ♄
lycioïdes, *feuilles de ly-cium.* Am. ♄
spinosum, *épineux.* Af. ♄
170. Chrysophyllum, *Caïmi-tier.*
glabrum, *glabre.* Am. ♄
caïnito. Am. ♄

Cette Classe contient 170 genres qui comprennent 826 espèces.

CLASSE NEUVIÈME.

DICOTYLEDONES MONOPETALES,
Corolle périgyne.

ORDRE I.er

Diospyri, *les Plaqueminiers.*

1. Diospyros, *Plaqueminier.*
ebenus, *ébenier.* ♄
virginiana, *de Virginie.* Am. ♄
lotus, *faux lotus.* E. ♄
angustifolia, *feuilles étroites.* E. ♄
2. Royena.
lucida, *luisant.* As. ♄
hirsuta, *velu.* Af. ♄
myrtifolia, *feuille de myrte.* ♄
3. Styrax, *Alibousier.*
officinale, *officinal.* E. ♄.
lævis, *lisse.* Am. ♄.
4. Hallesia, *Hallesier.*
tetraptera, *quatre ailes.* Am. sept. ♄.

ORDRE II.

Ericæ, *les Bruyères.*

5. Vaccinium, *Airelle.*
myrtillus, *lucet.* E. ♄
pensylvanicum, *de Pensylvanie.* Am. sept. ♄
uliginosum, *veinée.* E. ♄
glaucum, *glauque.* ♄
vitis-idæa, *ponctuée.* E. ♄
occicoccos, *rampant.* E. ♄
6. Gaulteria, *Palomier.*
procumbens, *de Canada.* Am. ♄
7. Arbutus, *Arbousier.*
unedo. E. ♄
andrachne. E. ♄
alpina, *des Alpes.* E. ♄
uva-ursi, *busserole.* E. ♄

8. Pyrola, *Pyrole.*
rotundifolia, *feuilles rondes.* E. ♃
secunda, *unilatérale.* E. ♃
9. Andromeda, *Andromède.*
mariana, *fleurs cylindriques.* Am. sept. ♄
serratifolia, *feuilles en scie.* Am. sept. ♄
polifolia, *glauque.* E. ♄
racemosa, *à grappes.* Am. sept. ♄
paniculata, *paniculée.* Am. ♄
axillaris, *axillaire.* Am. sept. ♄
calyculata, *calyculée.* Am. sept. ♄
dabætia, *fleurs violettes.* E. ♄
10. Erica, *Bruyère.*
tetralix, *à quatre feuilles.* E. ♄
cinerea, *cendrée.* E. ♄
vulgaris, *commune.* E. ♄
scoparia, *à balais.* E. ♄
ciliaris, *ciliée.* E. ♄
arborea, *en arbre.* E. ♄
multiflora, *fleurs nombreuses.* E. ♄
mediterranea, *de la Méditerranée.* E. ♄
planifolia, *feuilles planes.* As. ♄

ORDRE III.

Kalmiæ, *les Kalmies.*

11. Rhododendron, *Rosage.*
ferrugineum, *ferrugineux.* E. ♄
hirsutum, *velu.* E. ♄
maximum, *d'Amérique.* Am. sept. ♄

ponticum , *d'Orient.* As. ♄

12. **Rhodora.**
canadensis , *de Canada.* Am. ♄

13. **Azalea,** *Azalée.*
viscosa , *visqueuse.* Am. ♄
glauca , *glauque.* ♄
nudiflora , *fleurs nues.* Am.
, sept. ♄
procumbens , *couchée.* E. ♄

14. **Kalmia,** *Kalmie.*
latifolia , *feuilles larges.* Am. ♄
angustifolia , *feuilles étroites.* Am. ♄
oleæfolia , *feuilles d'olivier.* Am. sept. ♄
thymifolia , *feuilles de thym.* ♄

15. **Epigea ,** *Epigée.*
repens , *rampante.* Am. sept. ♄

16. **Empetrum,** *Camarine.*
nigrum , *fruit noir.* E. ♄

17. **Ledum,** *Lede.*
palustre , *des marais.* E. ♄
— latifolium , *feuilles larges.* E. ♄.

18. **Clethra.**
alnifolia , *feuilles d'aune.* Am. ♄
glauca , *glauque ,* Am. sept. ♄

19. **Itea,** *Ité.*
virginica , *de Virginie.* Am. ♄

20. **Turnera.**
ulmifolia , *feuilles d'orme.* Am. ♂
cistoïdes , *feuilles de ciste.* Am. mer. ☉

ORDRE IV.

Cucurbitaceæ, *les Cucurbitacées.*

21. **Sicyos.**
angulata , *anguleux.* Am. ☉

22. **Bryonia,** *Bryone.*
alba , *officinale.* E. ♃
africana , *d'Afrique.* Af. ♃

grandis , *élevée.* Am. ♃
laciniosa , *laciniée.* Af. ☉

23. **Melothria ,** *Melothrie.*
pendula , *fruit pendant.* Am. ☉

24. **Momordica ,** *Momordique.*
pedata , *striée.*
luffa. Am. ☉
balsamina , *pomme de merveille.* As. ☉
elaterium , *concombre sauvage.* E. ☉

25. **Cucumis ,** *Concombre.*
colocynthis , *coloquinte.* Am. ☉
prophetarum , *épineuse.* As. ☉
anguria. Am. ☉
acutangulus , *anguleux.* As. ☉
melo , *melon.* As. ☉
— saccharinus , *cantaloup.* As. ☉
chale , *abdeloui.* Af. ☉
dudaim , *orange.* As. ☉
sativus , *cultivé.* ☉
— guinensis. Am. ☉
— minor , *petit fruit.* ☉
flexuosus , *serpent.* As. ☉

26. **Cucurbita ,** *Courge.*
lagenaria , *calebasse.* Am. ☉
pepo , *potiron.* ☉
verrucosa , *tuberculeuse.* ☉
compressa. —
americana , *giraumon.* Am. ☉
melo pepo , *pépon.* Am. ☉
— pyriformis , *poire.* Am. ☉
— orantiiformis , *orange.* ☉
citrullus , *pastèque.* E. ☉

ORDRE V.

Campanulæ, *les Campanules.*

27. **Canarina,** *Canarine.*
campanulata , *campanulée.* Af. ♃

28. **Michauxia,** *Michauxie.*
campanuloïdes , *d'Asie.* As. ♃

29. **Campanula,** *Campanule.*
rapunculus , *raiponce.* E. ♂
rotundifolia , *feuilles rondes.* E. ♃
uniflora , *une fleur.* E. ♃

pyramidalis, *pyramidale.* E. ♂
rapunculus hirsutus, *raiponce velue.*
persicifolia, *feuilles de pêcher.* E. ♃
americana, *d'Amérique.* Am. ☉
verticillata, *verticillée.*
lanuginosa, *lanugineuse.* As. ♃
grandiflora, *grandes fleurs.* ☉
rhomboïdalis, *rhomboïdale.* E. ☉
trachelium, *gantelée.*
latifolia, *feuilles larges.* E. ♃
perfoliata, *perfoliée.* E. ♃
glomerata, *fleurs en tête.* E. ♃
rapunculoïdes, *fausse raiponce.* E. ♃
sparsiflora, *fleurs éparses.*
thyrsoïdes, *feuilles en thyrse.* E. ♃
spicata, *fleurs en épi.* E. ♃
medium, *grosses fleurs* E. ♂
aurea, *jaune.* As. ♃
speculum, *miroir de Vénus.* E. ☉
hybrida, *hybride.* E. ☉

perfoliata, *perfoliée.* Am. sept. ☉
erinus, *feuilles d'érinus.* E. ☉
petræa, *des rochers.* E.
hederacea, *feuilles de lierre.*
30. Trachelium.
cæruleum, *fleurs bleues.* E. ♃
31. Lobelia, *Lobelie.*
cardinalis, *cardinale.* Am. ♄
siphillitica, *antisiphillitique.* Am. ♄
inflata, *gros calyce.* Am. sept. ♄
cliffortiana, *de Clifford.* Am. sept. ♄
urens, *brûlante.* E. ☉
minuta, *sans tige.* Af. ♃
laurantia, *longs pédoncules.* E. ♂
erinoïdes, *feuilles d'érinus.* Af. ☉
32. Phyteuma.
spicata, *à épis.*
orbicularis, *orbiculaire.* E.
33. Jasione, *Jasione.*
montana, *annuelle.* E. ☉
biennis, *bis-annuelle.* E. ♂

Cette Classe contient 33 genres, qui comprennent 135 espèces.

CLASSE DIXIÈME.

DICOTYLEDONES MONOPETALES,
Corolle épigyne, Anthères réunies.

ORDRE I.er

Cichoraceæ, *les Chicoracées.*

1. Lapsana, *Lampsane.*
zacintha, *aigrettée.* E. ☉
stellata, *étoilée.* E. ☉
rhagadioloïdes, E. ☉
communis, *officinale.* E. ☉
— crispa, *crépue.* E. ☉
kolpinia, *hérissée.* As. ☉
2. Chondrilla, *Condrille.*
juncea, *effilée.* E. ♃
3. Prenanthes.
viminea. E. ♃

purpurea, *violette.* E. ♃
racemosa, *à grappes.* E. ♃
pinnata, *pinnée.* Af. ♄
alba, *blanche.* Am.
muralis, *des murs.* E. ♂
4. Lactuca, *Laitue.*
perennis, *vivace.* E. ♃
sylvadea. E. ♂
saligna, *lancéolée.* E. ♂
virosa, *vireuse.* E. ☉
— laciniata, *laciniée.* E. ☉
scariola, *scariole.* E. ☉
— sanguinea, *sanguine.* E. ☉
sativa, *cultivée.* E. ☉
capitata, *pommée.* E. ☉

crispa, *crépue*. E. ☉
intyba, *glauque*. E. ☉
spinosa, *épineuse*. E. ☉
pumila, *naine*. E. ♃

5. Sonchus, *Laiiron*.
fruticosus, *arbrisseau*. Af. ♄
sibiricus, *de Sibérie*. As. ☉
tartaricus, *de Tartarie*. As.
cordifolius, *feuilles en cœur*. ♃
plumerii, *grandes feuilles*. E. ♂
floridanus, *de la Floride*. Am. ♂
canadensis, *à grappes*. Am. ☉
oleraceus, *commun*. E. ☉
— asper, *rude*, E. ☉
lævis, *lisse*. E. ☉
tenerrimus, *feuilles minces*. E. ♂
alpinus, *des Alpes*. E. ♂
maritimus, *maritime*. E. ♃
palustris, *en ombelle*. E. ♃
arvensis, *des champs*. E. ♃

6. Hieracium, *Epervière*.
umbellatum, *en ombelle*. E. ♃
sabaudum, *de Savoie*. E. ♃
— majus, *élevée*. E. ♃
— maculatum, *tachetée*. E. ♃
kalmii, *de Kalm*. Am. ☉
blattarioïdes, *fausse blat-taire*. E. ♃
pyrenaïcum, *des Pyrénées*. E. ♃
conyzæfolium, *feuilles de conyze*. E. ♃
amplexicaule, *amplexicaule*. E. ♃.
lyratum, *feuilles en lyre*. E. ♃
tubulosum, *tubulée*. E. ♃
cerinthoïdes, *feuilles de me-linet*. E. ♃
— angustifolium, *feuilles étroites*. E. ♃
cotoneifolium. E. ♃.
paludosum, *des marais*. E. ♃
murorum, *tachetée*. E. ♃
cymosum, *corymbifère*. E. ♃
sylvaticum, *des bois*. E.
porrifolium, *feuilles de por-reau*. E. ♃

aurantiacum, *orangée*. E. ♃
austriacum, *d'Autriche*. E. ♃
præmorsum, *tronquée*. E. ♃
dubium, *rampante*. E. ♃
pilosella, *piloselle*. E. ♃.

7. Crepis, *Crepide*.
barbata, *barbue*. E. ☉
— pallida, *pâle*. E. ☉
aspera, *rude*. E. ☉
coronopifolia. As. ☉
sibirica, *grandes feuilles*. E. ♃
parviflora, *à petites fleurs*. E. ☉
nemausensis. E. ☉
albida, (*villars*) *blanchâtre*. E. ☉
alpina, *des Alpes*. E. ☉
rubra, *rouge*. E. ☉
fœtida, *fétide* E. ☉
pulchra, *fleurs de lampsane*. E. ☉
virgata, *effilée* E. ☉
dioscoridis, *farineuse*. E. ☉
tectorum. E. ☉
biennis, *bis-annuelle*. E. ♂

8. Hyoseris, *Hyoseride*.
rhagadioloïdes, *fruit velu*. E. ☉
hedypnoïs major. E. ☉
hedypnoïs, *feuilles lisses*. E. ☉
cretica, *de Crète*. E. ☉
radiata, *étoilée*. E. ☉
lucida, *luisante*. E. ☉
scabra, *feuilles rudes*. E. ☉
fœtida, *fétide*. E. ♃.

9. Leontodon, *Lion-dent*.
taraxacum, *pissenlit*. E. ♃
aureum, *couleur de feu*. E. ♃.
bulbosum, *bulbeux*. E. ♃
hastile, *glabre*. E. ♃
autumnale, *d'automne*. E. ♃
saxatile, *des rochers*. E. ♃
hispidum, *poils fourchus*. E. ♃
hirtum, *poils simples*. E. ♃

10. Picris.
echioïdes, *grand calice*. E. ☉
hieracioïdes, *feuilles d'éper-vière*. E. ☉

11. Scorsonera, *Scorsonère*.
hispanica, *d'Espagne*. E. ♃

picrioïdes, *feuilles de picris.*
　E. ♂
angustifolia, *feuilles étroites.*
　E. ♃
— pulverulenta, *pulvérulen-*
　te. E. ♃
laciniata, *découpée.* E. ♃
resedifolia, *feuilles de réseda.*
　E. ♂
tingitana, *glauque.* Af. ⊙
coronopifolia, *corne de cerf.*
　E. ♂
villosa, *velue.* ♂
eriosperma, *granies laineu-*
　ses (Gouan). E. ♃

12. Tragopogon, *Cercifix.*
majus, *élevé.* E. ♃
pratense, *des prés.* E. ♂
undulatum, *feuilles ondées.*
　E. ♂
porrifolium, *feuilles de por-*
　reau. E. ♂
dalechampii, *de Dalechamp.*
　E. ♂
picrioïdes, *feuilles de picris.*
　E. ♂
crocifolium, *feuilles de sa-*
　fran. E. ♂
orientale, *d'Orient.* As. ♂
italicum, *d'Italie.* E. ♂

13. Geropogon.
glabrum, *glabre.* E. ⊙

14. Hypochæris.
maculata, *tachetée.* E. ♃
glabra, *lisse.* E. ⊙
arachnoïdea. Af. ⊙
radicata, *longues racines.*
　E. ♃

15. Seriola, *Seriole.*
æthnensis, *de l'Ethna.* E. ⊙
cretensis, *de Crète.* E. ⊙
urens, *brûlante.* E. ♂

16. Andryala, *Andriale.*
integrifolia, *feuilles entières.*
　E. ⊙
lanata, *cotoneuse.* E. ♃
sinuata, *feuilles sinuées.*
　E. ♃
cheiranthifolia, *feuilles de*
　giroflée. E. ⊙

17. Catananche, *Cupidone.*
cærulea, *bleue.* E. ♃
lutea, *jaune.* E. ♂

18. Cichorium, *Chicorée.*
intybus, *fleurs sessiles.* E. ♃
indivia, *fleurs pédunculées.*
　E. ⊙
— crispa, *crépue.* E. ⊙
spinosum, *épineuse.* E. ♂

19. Scolymus, *Scolyme.*
maculatus, *panaché.* E. ⊙
grandiflorus, *grandes fleurs.*
　E. ⊙
hispanicus, *fleurs réunies.*
　E. ⊙

ORDRE II.

Cinarocephalæ, *les Cinaro-*
céphales.

20. Cnicus.
oleraceus, *des prés.* E. ♃
tricephalos, *trois têtes.* E. ♃
spinosissimus, *très-épineux.*
　E. ♃
crisitales, *feuilles plumées.*
　E. ♃.
ferox, *féroce.* E. ♂.
centauroïdes, *feuilles de cen-*
　taurée. E. ♃
cernuus, *fleurs penchées.* E.
acarna. E. ⊙

21. Carduus, *Chardon.*
leucographus, *panaché.* E. ⊙
lanceolatus, *lancéolé.* E. ♂
ciliatus, *cilié.* E. ♂
crispus, *crépu.* E. ♂
acanthoïdes, *feuilles d'a-*
　canthe. E. ♂
nutans, *tête penchée.* E. ♃
palustris, *des marais.* E. ♃
arabicus, *d'Arabie.*
pycnocephalus, *fleurs tom-*
　bantes. E. ⊙
argenteus, *argenté.* Af. ⊙
dissectus, *découpé.* E. ♃
canus, *cotoneux.* E. ♃
monspesullanus, *de Montpel-*
　lier. E. ♃
tuberosus, *tubéreux.*
parviflorus, *petites fleurs.*
　E. ♃
stellatus, *étoilé* E. ⊙
syriacus, *de Syrie.* E ⊙

marianus, *Marie.* E. ☉
— viridis, *verd.* E. ☉
casabonæ , *à trois épines.*
    E. ♂
carlinoïdes, *carline.* E. ♂
eriophorus , *tête laineuse.*
    E. ♃
serratuloïdes, *feuilles de sar-*
    rette. E. ♃
helenioïdes, *feuilles d'aunée.*
    E. ♃
acaulis , *sans tige.* E. ♃

22. Onopordum , *Onoporde.*
acanthium , *feuilles d'acan-*
    the. E. ♂
— viride, *verd.* E. ♂
illyricum , *lancéolé.* E. ♂
græcum , *de Grèce.* E. ♂
arabicum , *d'Arabie.* E. ♂

23. Cinara, *Artichaut.*
cardunculus , *cardon.* E. ♃
scolymus , *cardonette.* E. ♃
— hortensis, *cultivé.* E. ♂
— inermis , *sans épines.*
    E. ♃

24. Carlina, *Carline.*
acaulis , *sans tige.* E. ♃
lanata , *laineuse.* E. ♂
corymbifera , *corymbifère.*
    E. ♃
vulgaris , *commune.* E. ♂
caulescens , *fleurs blanches.*
    E. ♃

25. Atractylis.
cancellata , *chardon prison-*
    nier. E. ☉
humilis , *nain.* E. ☉

26. Carthamus , *Carthame.*
tinctorius , *des teinturiers.*
    Af. ☉
lanatus, *laineux.* E ☉
creticus , *fleurs blanches.*
    E. ☉
mitissimus, *sans épines* E ☉
corymbosus , *corymbifère.*
    As. ♃
salicifolius , *feuilles de saule.*
    Af. ♄

27. Arctium , *Bardane.*
lappa, *officinale.* E. ♃
— tomentosa , *cotoneuse.*
    E. ♃

grandiflorum, *grandesfleurs.*
    F. ♃
personata , *bis-annuelle.* E. ♂

28. Stæhelina.
dubia , *longues arêtes.* E

29. Serratula, *Sarrette.*
spicata , *à épis.* Am. ♃
tinctoria , *des teinturiers.*
    E. ♃
coronata , *couronnée.* E. ♃
noveboracensis, *d'automne.*
    Am. sept. ♃
centauroïdes, *fausse centau-*
    rée. E. ♃
præalta , *élevée.* ♃
chamæpeuce. Af. ♄
arvensis, *hémorroïdale.* E. ♃
heterophylla , *hétérophylle.*
    E. ♃

30. Zoegea.
leptaurea , *de Perse.* As. ☉

31. Centaurea, *Centaurée.*
crupina , *fruit noir.* E. ☉
lippii, *de Lippi.* Af. ☉
moschata, *ambrette.* As. ☉
— lutea , *ambrette jaune.*
    As. ☉
glauca , *glauque.* As. ♃
centaurium , *officinale.* E. ♃
africana , *d'Afrique.* Af. ♃
uniflora , *une fleur.* E. ♃
pectinata , *plumeuse.* E
jacea , *jacée.*
phrygia , *de Phrygie.*
nigra , *noire.* E. ♃
montana , *de montagne.* E. ♃
paniculata , *paniculée.* E. ☉
splendens , *luisante.* E. ♂
cyanus , *bluet.* E. ☉
ragusina , *de Raguse.* E. ♃
cineraria , *cinéraire.* E. ♃
candidissima , *très-blanche.*
    E. ♃
sempervirens , *toujoursverte.*
    E. ♃
scabiosa, *scabieuse.* E. ♃
— italica , *d'Italie.* E. ♃
orientalis, *d'Orient.* As. ♃
alba , *blanche.* E. ♂
rhapontica, *rhapontic.* E. ♃
glastifolia , *feuilles de pastel.*
    E. ♃
alata , *ailée.* As. ♃

conifera, *conifère.* E. ♂
sonchifolia, *feuilles de lai-tron.* E. ⊙
ferox, *très-épineuse.*
aspera, *rude.* E. ⊙
seridis. E. ♃
spinosa, *épineuse.* As. ♃
behen. As. ⊙
napifolia, *feuilles de navet.* E. ⊙
benedicta, *chardon bénit.* E. ⊙
eriophora, *tête laineuse.* E. ⊙
calcitrapa, *chausse-trape.* E. ⊙
verutum, *longues épines.* As. ⊙
calcitrapoïdes. E. ⊙
sicula, *de Sicile.* E. ⊙
solsticialis, *du solstice.* E. ⊙
melitensis, *fleurs en tête.* E. ⊙
collina, *anguleuse.*
salmantica, *petites épines.* E. ♃
crocodilium, *longs pédon-cules.* As. ⊙
nudicaulis, *tige nue.* E ♃
galactites, *panachée.* E. ♃

32. Gorteria, *Gortère.*
fruticosa, *ligneuse.* Af. ♄
rigens, *grandes fleurs.* Af. ♄

33. Xeranthemum, *Immortelle.*
annuum, *annuelle.* E. ⊙
inapertum, *fermée.* E. ⊙
fulgidum, *éclatante.* Af. ♃

34. Echinops, *Echinope.*
spherocephalus, *velu.* E. ♃
ritro, *petites fleurs.* E. ♃
strigosus, *hérissé.* E. ⊙
spinosus, *épineux.* Af. ⊙

35. Spheranthus, *Boulette.*
indicus, *des Indes.* As. ♃

36. Gundelia, *Gundèle.*
tournefortii, *d'Orient.* As. ♃

ORDRE III.

Corymbiferæ, *les Corym-bifères.*

37. Tanacetum, *Tanaisie.*
frutescens, *arbrisseau.* Af. ♄
vulgare, *officinale.* E. ♃

annuum, *annuelle.* E. ⊙
crispum, *crépue.* E. ⊙

38. Balsamita, *Menthe-Coq.*
ageratifolia, *feuilles d'age-ratum.* As. ♃
grandiflora, *grandes fleurs.*
major, *odorante.* As. ♃

39. Carpesium, *Carpesie.*
cernuum, *fleurs penchées.* E. ♂

40. Cotula, *Cotule.*
tanacetifolia, *feuilles de ta-naisie.* E. ⊙
anthemoïdes, *feuilles d'an-themis.* E. ⊙
coronopifolia, *feuilles de co-ronopus.* Af. ⊙
turbinata, *renflée.* Af. ⊙

41. Bellis, *Paquerette.*
perennis, *vivace.* E. ♃

42. Matricaria, *Matricaire.*
parthenium, *officinale.* E. ♃
off. flosculosa, *flosculeuse.* E. ♃
maritima, *maritime.* E. ♃
chamomilla, *camomille.* E. ⊙
suaveolens, *odorante.* E. ⊙
asteroïdes, *feuilles d'aster.* E. ♃

43. Chrysanthemum, *Chrysan-thème.*
corymbiferum, *corymbifère.* E. ♃
—minus. E. ♃
frutescens, *arbrisseau.* ♄
serotinum, *d'automne.* E. ♃
indicum, *des Indes.* As. ♃
leucanthemum, *grande pa-querette.* E. ♃
montanum, *des montagnes.* E. ♃
balsamita, *blanchâtre.* As. ♃
multifidum, *découpé.* E. ♃
monspeliense, *de Montpel-lier.* E. ♃
myconis, *feuilles entières.* E. ⊙
alpinum, *des Alpes.* E. ♃
segetum, *lacinié.* E. ⊙
coronarium, *des jardins.* E. ⊙
—albidum, *blanc.* E. ⊙

44. Calendula, *Souci.*
arvensis, *des vignes.* E. ⊙
officinalis, *officinal.* E. ⊙
pluvialis , *hygrométrique.*
Af. ⊙
hispanica , *d'Espagne.* E. ⊙
hybrida , *hybride.* Af. ♂
fruticosa, *arbrisseau.* Af. ♄
45. Osteospermum , *Osteos -
perme.*
moniliferum , *porte collier.*
Af. ♄
spinosum, *épineux.* Af. ♃
pinnatifidum , *pinnatifide.*
Af. ♃
46. Milleria, *Millerie.*
quinqueflora ,5 *fleurs.* Am. ⊙
peruviana, *du Pérou.* Am.
47. Eriocephalus, *Eriocéphale.*
africanus, *d'Afrique.* ♄
48. Elephanthopus , *Elephan-
thope.*
scaber, *rude.* As. ♄
49. Ageratum, *Agerate.*
conizoïdes, *bleue.* A. ⊙
50. Bellium.
minutum, *nain.* E. ♃
51. Tagetes.
erecta , *grande fleur.* Am.
mér. ⊙
patula , *étalé.* Am. ⊙
lucida , *luisant.* Am. ⊙
52. Cacalia, *Cacalie.*
acetosæfolia , *feuilles d'o-
seille.* ♃
papillaris, *mamelonée.* Af. ♃
anteuphorbium , *anti-eu -
phorbe.* As. ♄
klemia , *lancéolée.* Af. ♄
ficoïdes, *ficoïde.* As. ♄
cylindracea , *cylindrique.*
Af. ♄
repens, *rampante.* Af. ♄
porophyllum , *feuilles po-
reuses.* Am. ⊙
suaveolens , *odorante.* Am.
sept. ♃
alpina , *des Alpes.* E. ♃
atriplicifolia, *feuilles d'ar-
roche.* Am. sept. ⊙
souchifolia , *feuilles de lai-
tron.* As. ⊙

53. Chrysocoma , *Chrysocome.*
linosyris. E. ♃
cernua , *fleurs penchées.*
Af. ♄
graminifolia, *feuilles de gra-
men.* Am. sept. ♃
54. Baccharis, *Bacchante.*
ivæfolia , *feuilles d'ivette.*
Am. ♄
halimifolia, *feuilles d'ha-
lime.* Am. sept. ♄
fætida , *fétide.* Am. ♃
ægyptiaca, *d'Egypte.* Af. ⊙
dioscoridis , *de Dioscoride.*
Am. mér. ♄
55. Coniza, *Conize.*
squarrosa, *rude.* E. ♃
rupestris, *des rochers.*
sordida , *trois fleurs.* E. ♄
saxatilis, *une fleur.* E. ♃
anthelmintica, *anthelmintique.* As. ⊙
odorata, *odorante.* Am. ♃
chinensis, *de Chine.*
glutinosa, *glutineuse.* ♄
56. Tussilago , *Tussilage.*
Alpina , *des Alpes.* E. ♃
farfara , *jaune.* E. ♃
alba , *blanc.* E. ♃
petasites, *violet.* E. ♃
57. Doronicum , *Doronic.*
plantagineum , *feuilles de
plantain.* E. ♃
pardalianches , *feuilles en
cœur.* E. ♃
arnica. E. ♃
scorpioïdes. E. ♃
bellidiastrum , *feuilles de paquerette.* E. ♃
58. Inula , *Inule.*
helenium, *aunée off.* E. ♃
bifrons, *tiges ailées.* E. ♂
britannica, *aquatique.* E. ♃
dyssenterica, *herbe de Saint-
Roch.* E. ♃
pulicaria, *pulicaire.* E. ⊙
salicina, *feuil. de saule.* E. ♃
ensifolia *ensiforme.* E. ♃
squarrosa, *rude.* E. ♃
crithmoïdes, *feuilles de ba-
cille.* E. ♃
oculus christi , *œil de christ.*
E. ♃

montana, *de montagne.* E. ♃
provincialis, *de Provence.* E. ♃
hirta, *velue.* E. ♃

59. Erigeron, *Erigère.*
viscosum, *visqueux.* E. ♃
graveolens, *odorant.* E. ♃
siculum, *de Sicile.* E. ⊙
canadense, *de Canada.* Am. sept. ⊙
bonariense; *lacinié.* Am. mér. ⊙
philadelphicum, *de Phila-phie.* Am. sept. ⊙
alpinum, *des Alpes.* E. ♃
acre, *âcre.* E. ♃
uniflorum, *une fleur.* E. ♃
gouani, *de Gouan.* E.
fœtidum, *fétide.* Af. ♃
tuberosum, *tubéreux.* E. ♃

60. Aster, *Astère.*
fruticosus, *arbrisseau.* ♄
tenellus, *feuilles molles.* Af.
tripolium, *feuilles char-nues.* E. ♃
alpinus, *des Alpes.* E. ♃
pyreneus, *des Pyrénées.* E. ♃
amellus, *amelle.* E. ♃
amygdalinus, *feuilles d'a-mandier.* Am. sept. ♃
linariifolius, *feuilles deli-naire.* Am. sept. ♃
acris, *âcre.* E. ♃
trinervis, *trois nervures.* Am. ♃
dracunculoïdes, *feuilles d'es-tragon.* Am. ♃
amplexicaulis, *amplexicau-le.* Am. sept. ♃
novæ Angliæ, *de la nouvelle Angleterre.* Am. ♃
cordifolius, *feuilles en cœur.* ♃
patulus, *étalé.* Am. sept. ♃
rubricaulis, *tige rouge.* Am. ♃
tradescanti. — Am. sept. ♃
longifolius, *longues feuilles.* Am. ♃
annuus, *annuel.* ⊙
amænus, *luisant.* Am. sept. ♃
novi-belgii. ♃
salicifolius, *feuilles de saule.* Am. ♃

tardiflorus, *d'automne.* Am. sept. ♃
ericoïdes, *feuilles de bruyère.* Am. sept. ♃
grandiflorus, *grandes fleurs.* Am. sept. ♃
macrophyllus, *grandes feuil-les.* Am. sept. ♃
chinensis, *reine Marguerite.* As. ⊙
miser, *grêle.* Am. sept. ♃

61. Solidago, *Verge d'or.*
sempervirens, *toujours verte.* Am. sept. ♃
—latifolia, *larges feuilles.* Am. sept. ♃
canadensis, *de Canada.* Am. sept. ♃
altissima, *élevée.* Am. sept. ♃
—reflexa, *réfléchie.* Am. sept. ♃
—subvillosa, *pubescnete.* Am. sept. ♃
—glabra, *glabre.* Am. sept. ♃
hirsuta, *velue.* Am. ♃
integrifolia, *feuilles entières.* Am. sept. ♃
mexicana, *du Mexique.* Am. ♃
bicolor, *de deux couleurs.* Am. sept. ♃
flexicaulis, *tortueuse.* Am. sept. ♃
latifolia, *larges feuilles.* Am. sept. ♃
virga aurea, *officinale.* E. ♃
minuta, *naine.* E. ♃
rugosa, *rugueuse.* ♃
rigida, *roide.* Am. sept. ♃

62. Cineraria, *Cinéraire.*
alpina, *des Alpes.* E. ♃
geifolia, *feuilles de benoite.* Af. ♃
amelloides, *feuilles opposées.* ♃
maritima, *maritime.* E. ♃
cymbalarifolia, *feuilles de cymbalaire.* Af. ♃
populifolia, *feuilles de peu-plier.* As. ♃
lanata, *lanugineuse.*

63. Senecio, *Seneçon.*
cernuus, *penché.* As. ⊙

montanus, *de Montagne.* E. ♃
vulgaris, *commun.* E. ☉
ægyptius, *d'Egypte.* Af. ☉
sylvaticus, *des bois.* E. ☉
viscosus, *visqueux.* E. ☉
jacobæa, *jacobée.* E. ♃
umbellatus, *ombellifère.* Af. ♃
elegans, *élégant.* Af. ☉
abrotanifolium, *feuilles d'au-rone.* E. ♃
paludosus, *des marais.* E. ♃
doria. — E. ♃
— minor. E. ♃
— orientalis, *d'Orient.* As. ♃
alpinus, *des Alpes.* E. ♃
doronicum, *doronic.* E. ♃
longifolius, *longues feuilles.* Af. ♄
halimifolius, *feuilles d'ha-lime.* Af. ♄
ilicifolius, *feuilles de houx.* Af. ♄
rigidus, *rude.* Af. ♄
reclinatus, *incliné.*

64. Othonna, *Othonne.*
cheirifolia, *feuilles en spa-tule.* Af. ♄
coronopifolia, *feuilles de corne de cerf.* Af. ♄
bulbosa, *bulbeuse.* Af. ♃

65. Eupatorium, *Eupatoire.*
dalea, *arbrisseau.* Am. ♄
scandens, *grimpante.* Am. ♃
sessilifolium, *feuilles sessiles.* Am. ♃
altissimum, *élevée.* Am. sept. ♃
cannabinum, *officinale.* E. ♃
— villosum, *velue.* As. ♃
purpureum, *pourpre.* Am. sept. ♃
atriplicifolium, *feuilles d'ar-roche.* ♃
maculatum, *tachetée.* Am. sept. ♃
perfoliatum, *perfoliée.* Am. sept. ♃
aromaticum, *aromatique.* Am. sept. ♃
celestinum, *feuilles de scro-phulaire.* Am. ♃

66. Stevia.
serrata, *feuilles en scie.* Am. mér.

67. Gnaphalium, *Gnaphale.*
stæchas, E. ♄
— minor, *naine.* E. ♄
crassifolium, *feuil. épaisses.* As. ♄
orientale, *d'Orient.* As. ♃
ericoïdes, *feuilles de bruyère.* Af. ♃
arenarium, *des sables.* E. ☉
cymosum, *en cyme.* Af. ♃
obtusifolium, *feuilles obtu-ses.* Am. sept. ♃.
luteo-album, *jaune-blanc.* E. ☉
viscosum, *visqueuse.* E. ☉
dioïcum, *pied de chat.* E. ♃
fœtidum, *fétide.* Af. ☉
margaritaceum, *des jardins.* Am. sept. ♃
sylvaticum, *des bois.* E. ♂
undulatum, *ondée.* Af. ♃
uliginosum, *des marais.* E. ☉

68. Filago.
acaulis, *sans tige.* E. ☉
montana, *de montagne.* E. ☉
germanica, *fleurs sphéri-ques.* E. ☉
gallica, *fleurs aiguës.* E. ☉
arvensis, *fleurs coniques.* E. ☉
leontopodion. E. ♃

69. Micropus, *Micrope.*
supinus, *couché.* E. ☉
erectus, *droit.* E. ☉

70. Athanasia, *Athanasie.*
maritima, *maritime.* E. ♃
annua, *annuelle.* E. ☉
trifurcata, *trifurquée.* Af. ♄
crithmifolia, *feuilles de ba-cille.* Af. ♄
parviflora, *à petites fleurs.* Af. ♄

71. Santolina, *Santoline.*
chamæcyparissias, *feuilles de cyprès.*
rosmarinifolia, *feuilles de romarin.* E. ♃
canescens, *blanchâtre.* E. ♄

72. Anacyclus, *Anacycle.*
aureus, *doré.* F. ☉
creticus, *de Crète.* E. ☉
valentinus, *de Valence.* E. ☉

73. Anthemis, *Camomille.*
cota. E. ☉
mixta, *lancéolée.* E. ☉
maritima, *maritime.* E. ♃
nobilis, *officinale.* E. ♃
— flosculosa, *flosculeuse.* E.
♃
arvensis, *des champs.* E. ☉
cotula, *fétide.* E. ☉
altissima, *élevée.* E. ☉
pyrethrum, *pyrèthre.* As. ♃
tinctoria, *des teinturiers.* E.
♃
valentina, *de Valence.* E. ☉
arabica, *d'Arabie.* Af. ☉

74. Achillæa, *Achillée.*
santolina, *santoline.* E. ♃
ageratum, *eupatoire.* E. ♃
— incanum, *blanche.* E. ♃
clavennæ, *corne de cerf.* E. ♃
tomentosa, *cotoneuse.* E. ♃
ægyptiaca, *d'Egypte.* Af. ♃
aurea, *dorée.* Af. ♃
macrophylla, *grandes feuilles.* E. ♂
pubescens, *pubescente.* As. ♃
herba-rotta, *cunéiforme.* E. ♃
tanacetifolium, *feuilles de
tanaisie.* E. ♃
pauciflora, *pauciflore.* Af. ♃
ptarmica, *sternutatoire.* E. ♃
alpina, *des Alpes.* E. ♃
impatiens, *pectinée.* E. ♃
sibirica, *de Sibérie.* E. ♃
magna, *élevée.* E. ♃
millefolium, *officinale.* E. ♃
— purpureum, *pourpre.* E. ♃
nobilis. E. ♃
rosea, *rose.* E. ♃

75. Buphtalmum, *Buphtalme.*
frutescens, *à deux dents.* ♄
arborescens, *arbrisseau.* Am.
♄
sericeum, *soyeux.* Am. mér. ♄
spinosum, *épineux.*
aquaticum, *aquatique.* E. ☉
maritimum, *maritime.*

76. Sigesbeckia.
orientalis, *d'Orient.* As. ♃
flosculosa, *à fleurons.*

77. Baltimora, *Baltimore.*
erecta, *droite.*

78. Galinsoga.
parviflora, *petites fleurs.* Am.
mér. ☉

79. Eclypta, *Eclipte.*
prostrata, *couchée.* Am. ☉
erecta, *droite.* Am. ☉

80. Alcina, *Alcine.*
perfoliata, *persoliée.* Am. ☉

81. Polymnia.
uvedalia, *à feuilles sinuées.*
Am. sept. ♃

82. Encelia.
limensis, *de Lima.*

83. Ximenesia.
encelioïdes. Am. mér. ☉

84. Amellus, *Amelle.*
lychnitis, *feuilles de lychnis.*
Af. ♄

85. Bidens, *Bident.*
tripartita, *à trois lobes.* E. ☉
bullata, *bulleux.* E. ☉
cernua, *penché.* E. ☉
frondosa, *touffu.* Am. sept. ☉
pilosa, *velu.* Am. ☉
bipinnata, *bipinné.* Am. sept.
♃
nivea, *fleurs blanches.* Am.
sept. ♃

86. Zinnia.
pauciflora, *à peu de fleurs.*
Am. mér. ☉
grandiflora, *grandes fleurs.*
Am. mér. ☉
multiflora, *fleurs nombreuses.* Am. mér. ☉
hybrida, *hybride.* Am. ☉
revoluta, *roulé.* Am. ☉

87. Verbesina.
pinnata, *plumée.* ♃
atriplicifolia, *feuilles d'arroche.* Am. ♄
alata, *ailée.* As. ♄
fruticosa, *arbrisseau.* Am.
mér. ♄
nodiflora, *nodiflore.* Am. ☉

88. Spilanthus.
oleracea, *cresson de para.* Am. ♂
brasiliana, *noir - pourpre.* Am. ♂
acmella. — As. ☉

89. Galardia, *Galardienne.*
. . . .

90. Sanvitalia.
procumbens, *couchée.*

91. Coreopsis, *Coriope.*
auriculata, *auriculée.* Am. sept. ♃
tripteris, *à trois ailes.* Am. sept ♃
verticillata, *verticillée.* Am. sept. ♃
humilis, *feuilles linéaires.* Am. sept. ♃
alternifolia, *feuilles alternes.* Am. sept. ♃

92. Rudbeckia.
laciniata, *laciniée.* Am. sept. ♃
— tenuifolia, *feuilles étroites.* Am. sept. ♃
purpurea, *pourpre.* Am. sept ♃
hirta, *velue.* Am. sept. ♃
amplexicaulis, *amplexicaule.* Am. sept. ♂

93. Helianthus, *Soleil.*
annuus, *grandes fleurs.* Am. mér. ☉
multiflorus, *fleurs nombreuses.* Am. sept. ♃
prostratus, *couché.* Am. ♃
lævis, *lisse.* Am. ♃
tuberosus, *topinamboux.* Am. sept. ♃
mollis, *cotoneux.* Am. ♃
strumosus. — Am. sept. ♃
altissimus, *gigantesque.* Am. sept. ♃
divarigatus, *étalé.* Am. sept. ♃
— elatior, *élevé.* Am. ♃
atro-rubens, *rouge brun.* Am. ♂

94. Helenium, *Hélénie.*
quadridentatum, *à quatre dents.* Am. sept. ☉

autumnale, *d'automne.* Am. sept. ♃

95. Sylphium.
laciniatum, *découpé.* Am. sept. ♃
perfoliatum, *perfolié.* Am. ♃
trifoliatum, *feuilles ternées.* Am. sept. ♃
terebinthinaceum, *feuilles en cœur.* ♃
connatum, *à angles obtus.* Am. sept. ♃

96. Arctotis, *Arctotide.*
plantaginea, *feuil. de plantain.* As. ♃
tristis. — Af. ☉
angustifolia, *feuil. étroites.* Af. ☉
aspera, *rude.* As. ♄

97. Tarchonanthus, *Tarconante.*
camphoratus, *odorant.* Af. ♄

98. Iva.
frutescens, *arbrisseau.* Am. ♄

99. Sclerocarpus.
africanus, *d'Afrique.* Af.

100. Parthenium.
hysterophorus, *décou. é.* Am. ☉
integrifolius, *feuilles entières.*

101. Artemisia, *Armoise.*
capillifolia, *feuilles capillaires.* ♃
vulgaris, *officinale.* E. ♃
minima, *naine.* Af. ☉
zeilanica, *de Ceylan.* As. ♃
maderaspatana, *des Indes.* As. ☉
campestris, *des champs.* E. ♃
corymbosa, *corymbifère.* E. ♃
abrotanum, *aurone.* E. ♄
dracunculus, *estragon.* E. ♃
cærulescens, *bleuâtre.* E. ♄
santonica, *santonique.* As. ♃
maritima, *maritime.* E. ♃
suaveolens, *odorante.* ♃
valentina, *de Valence.* E. ♄
austriaca, *d'Autriche.* E. ♃

pontica, *de Pont.* E. ♃
absynthium, *absynthe.* E. ♃
absynthioïdes, *fausse absynthe.* E. ♃
glacialis, *des glacières.* E. ♃
sinensis, *moxa.* Af. ♄
palmata, *palmée.* E. ♄
arborescens, *en arbre.* E. ♄
102. Ambrosia, *Ambrosie.*
absinthifolia, *feuilles d'ab-
sinthe.* ♃

trifida, *trifide.* Am. sept. ♃
artemisifolia, *feuilles d'armoise.* Am. sept. ☉
103. Xanthium, *Lampourde.*
strumarium, *officinale.* E. ☉
orientale, *d'Orient.* As. ☉
spinosum, *épineux.* E. ☉

Cette Classe contient 103 genres, qui
comprennent 645 espèces.

C L A S S E   O N Z I È M E.

D I C O T Y L E D O N E S   M O N O P E T A L E S,
Corolle épigyne, Anthères distinctes.

O R D R E   Ier

Dipsaceæ, *les Dipsacées.*

1. Morina, *Morine.*
persica, *de Perse.* As. ♃
2. Dipsacus, *Cardère.*
fullonum, *cultivé.* E. ♂
pilosus, *hérissé.* E. ♂
laciniatus, *lacinié.* E. ♂
3. Scabiosa, *Scabieuse.*
alpina, *des Alpes.* E. ♃
syriaca, *de Syrie.* Af. ♃
transylvanica, *de Transylva-
nie.* E. ♃
leucantha, *à fleurs blanches.*
E. ♃
— minor. E. ♃
rigida, *feuilles roides.* Af. ♄
succisa, *tronquée.* E. ♃
— hirsuta, *tronquée velue.*
E. ♃
arvensis, *des champs.* E. ♃
magna, *élevée.* E. ♃
montana, *des montagnes.*
E. ♃.
columbaria. ♃
integrifolia, *feuilles entières.*
E ☉
sylvatica, *des bois.* E. ♃
maritima, *maritime.* E. ☉

monspeliensis, *de Montpellier.* E.
sicula, *de Sicile.* E. ☉
prolifera, *prolifère.* Af. ☉
atro-purpurea, *noire pourpre.* Af. ☉
stellata, *étoilée.* E. ☉
argentea, *argentée.* Af. ♃
africana, *d'Afrique.* Af. ♄
cretica, *de Crète.* E. ♄
ochroleuca, *jaune pâle.*
graminifolia, *feuilles de gra-
men.* E. ♃
orientalis, *d'Orient.* As. ☉
centauroïdes, *feuilles de centaurée.* E ♃
palestina, *de Palestine.*
4. Knautia, *Knautie.*
orientalis, *d'Orient.* As. ☉
5. Allionia, *Allione.*
incarnata, *fleurs rouges.*
Am. ☉
6. Valeriana, *Valeriane.*
rubra, *des jardins.* E. ♃
— maritima, *maritime.* E. ♃
— angustifolia, *feuilles étroites.* E. ♃
dioïca, *dioïque.* E. ♃
calcitrapa, *chaussetrape.*
E. ☉
cornucopiæ, *à deux étamines.* E. ☉

officinalis, *officinale*. E. ☉
— lucida, *luisante*. E. ☉
phu. — E. ♃
tripteris, *feuilles ternées.*
   E. ♃
montana, *de montagne*. E. ♃
tuberosa, *tubéreuse*. E. ♃
pyrenaïca, *des Pyrénées.*
   E. ♃
locusta, *mâche*. E. ☉
— vesicaria, *vesiculeuse*. As.
   ☉
— coronata, *couronnée*. E. ☉
— echinata, *hérissée*. E. ☉
— stellata, *étoilée*. E. ☉
sibirica, *jaune*. E. ☉

ORDRE II.

Rubiaceæ, *les Rubiacées.*

7. Sherardia, *Sherarde.*
   arvensis, *des champs*. E. ☉
8. Asperula, *Asperule.*
   arvensis, *des champs*. E. ☉
   odorata, *odorante.*
   taurina, *grandes fleurs.*
   crassifolia, *feuilles épaisses.*
   cynanchica, *officinale*. E. ♃
   tinctoria, *des teinturiers*. E. ♃
   calabrica, *fétide*. E. ♃
   lævigata, *feuilles lisses*. E. ♃
9. Gallium, *Gaillet.*
   palustre, *des marais*. E. ♃
   uliginosum, *aquatique*. E. ♃
   verum, *jaune*. E. ♃
   mollugo, *blanc*. E. ♃
   splendens, *luisant*. E. ♃
   rubioïdes, *feuilles de ga-
      rence*. E. ♃
   sylvaticum, *des bois*. E. ♃
   aparine, *grateron*. E. ☉
   — minus, *petit grateron*. E. ☉
   parisiensis, *de Paris*. E. ☉
   lucidum, *luisant*. E. ♃
   glaucum, *glauque*. E. ♃
   aristatum, *barbu*. E. ♃
   maritimum, *maritime*. E. ♃
10. Crucianella, *Crucianelle.*
   angustifolia, *feuilles étroi-
      tes*. E. ☉
   latifolia, *larges feuilles*. E. ☉
   maritima, *maritime*. E. ♄

11. Valantia, *Croisette.*
   muralis, *des murs.*
   hispida, *hérissée*. E. ♃
   articulata, *articulée.*
   aparine, *gros fruit*. E. ☉
   cruciata, *velue*. E. ☉
12. Rubia, *Garence.*
   tinctorum, *des teinturiers.*
      E. ♃
   lucida, *luisante*. E. ♃
   angustifolia, *feuilles étroi-
      tes*. E. ♃
13. Spermacoce.
   tenuior, *feuilles linéaires.*
      Am. ☉
   verticillata, *verticillé*. Am. ♄
   fruticosa, *arbrisseau*. Am. ♄
   fœtida, *fétide*. ♄
14. Phyllis.
   nobla. Af. ♄
15. Hamellia, *Hamelle.*
   patens, *étalée*. Am. mér. ♄
16. Pœderia, *Danaïde.*
   fœtida, *fétide*. Af. ♄
17. Anthospermum, *Antho-
      sperme.*
   æthiopicum, *d'Ethiopie.*
      Af. ♄
18. Genipa, *Genipayer.*
   americana, *d'Amérique*. Am.
      mér. ♄
19. Gardenia, *Gardène.*
   florida, *odorant*. Am. ♄
   verticillata, *verticillé*. Am. ♄
20. Coffœa, *Caffeyer.*
   arabica, *d'Arabie*. Af. ♄
21. Calycanthus, *Calycant.*
   præcox, *petites fleurs*. Am. ♄
22. Mitchella, *Mitchelle.*
   repens, *rampante*. Am. sept.
      ♃
23. Cephalanthus, *Céphalanthe.*
   occidentalis, *d'Occident*. Am.
      ♄

ORDRE III.

Caprifolia, *les Chevrefeuilles.*

24. Linnæa, *Linnée.*
   borealis, *boréale*. E. ♃

25. Lonicera, *Chevrefeuille.*
parviflora, *petites fleurs.* Am. sept. ♄
caprifolium, *des jardins.* E. ♄
sempervirens, *toujours verd.* E. ♄
quercifolia, *feuilles de chêne.* E. ♄
periclymenum, *des bois.* E. ♄
tartarica, *de Tartarie.* As. ♄
nigra, *noir.* ♄
xilosteon, *velu.* E. ♄
pyrenaïca, *des Pyrénées.* E. ♄
cærulea, *à fruit bleu.* E. ♄
alpigena, *des Alpes.* E. ♄
symphoricarpos, *symphorine.* E. ♄
diervilla, *jaune.* Am. ♄

26. Triosteum.
perfoliatum, *perfolié.* Am. sept. ♄

27. Viburnum, *Viorne.*
tinus, *laurier-thym.* E. ♄
— latifolium, *larges feuilles.* E. ♄
— variegatum, *panaché.* E. ♄
nudum, *à fleurs nues.* E. ♄
lentago, *luisante.* E. ♄
prunifolium, *à feuilles de prunier.* Am. sept. ♄
pyrifolium, *feuilles de poirier.* Am. sept. ♄
cassinoïdes, *petites feuilles.* Am. sept. ♄
lantana, *cotoneuse.* E. ♄
— canadensis, *de Canada.* Am. sept. ♄
punicifolium, *feuilles de grenadier.* Am. sept. ♄

dentatum, *feuilles dentées.* Am. sept. ♄
— longifolium, *longues feuilles.* Am. sept. ♄
acerifolium, *feuilles d'érable.* Am. sept. ♄
opulus, *aubier.* Am. ♄
— canadensis, *aubier de Canada.* Am. sept. ♄
— sterilis, *boule de neige.* E. ♄

23. Sambucus, *Sureau.*
ebulus, *hièble.* E. ♃
canadensis, *de Canada.* Am. ♄
nigra, *noir.* E. ♄
— variegata, *panaché.* E. ♄
— lutea, *jaune.* E. ♄
— virescens, *fruit verd.* E. ♄
— laciniata, *découpé.* E. ♄
racemosa, *à grappes.* E. ♄

29. Cornus, *Cornouiller.*
sanguinea, *sanguin.* E. ♄
alba, *blanc.* E. ♄
stricta, *élancé.* E. ♄
racemosa, *à grappes.* E. ♄
circinnata, *à feuilles rondes.* E. ♄
florida, *grandes fleurs.* Am. sept. ♄
mas, *mâle.* E. ♄
— flava, *mâle jaune.* E. ♄
alternifolia, *feuilles alternes.* E. ♄

30. Hedera, *Lierre.*
helix, *commun.* E. ♄
— variegata, *panaché.* E. ♄

Cette Classe contient 5o genres qui comprennent 155 espèces.

CLASSE DOUZIÈME.

DICOTYLEDONES POLYPETALES,
Etamines épigynes.

ORDRE I.er

Araliæ, *les Aralies.*

1. Aralia, *Aralie.*
spinosa, *épineuse.* ♄
racemosa, *à grappes.* Am.
sept. ♃
nudicaulis, *à tiges nues.*
2. Panax, *Gin-Seng.*
quinquefolium, *à cinq feuil-*
les. As. ♃

ORDRE II.

Umbelliferæ, *les Ombelli-*
fères.

3. Ægopodium, *Podagraire.*
podagraria, *feuilles ternées.*
E. ♃
4. Apium, *Ache.*
petroselinum, *persil.* E. ♃
— tuberosum, *rave.* E. ♂
crispum, *crépue.* E. ♃
graveolens, *ache des marais.*
E ♂
— celeri, *cultivée.* E. ♂
5. Pimpinella, *Boucage.*
saxifraga, *des rochers.* E. ♃
magna, *grandes fleurs* E. ♃
— rubens, *rouge.* E. ♃
laciniata, *lacinié.* E. ♃
peregrina, *étranger.* E. ♃
anisum, *anis.* E. ♂
dioïca, *dioïque.* E. ♂
6. Carum, *Carvi.*
carvi, *cultivé.* E. ♂
7. Anethum, *Anet.*
graveolens, *graines planes.*
E. ♂
feniculum, *fenouil.* E ♂
segetum, *des moissons.* E. ☉

8. Smyrnium, *Maceron.*
olusastrum, *feuil. ternées.* ♃
perfoliatum, *perfolié.* ♃
9. Pastinaca, *Panais.*
sativa, *cultivé.* E. ♂
oleracea, *legumier.* E. ♂
opopanax. E. ♃
lucida, *luisant.* E. ♃
10. Thapsia, *Thapsie.*
villosa, *velue.* E. ♃
garganica, *feuilles luisantes.*
E. ♃
11. Seseli.
montanum, *des montagnes.*
E. ♃
annuum, *annuel.* E. ☉
glaucum, *glauque.* E. ♃
ammoïdes, *feuilles d'ammi.*
E. ☉
elatum, *tuberculeux.* E. ☉
tortuosum, *tortueux.* E. ♃
12. Imperatoria, *Impératoire.*
ostrutium, *officinale.* E. ♃
13. Chœrophyllum, *Myrrhis.*
bulbosum, *bulbeux.* E. ♃
sylvestre, *sauvage.* E. ♃
temulum, *tacheté.* E. ♂
aromaticum, *aromatique.*
E. ♃
aureum, *jaune.* E. ♃
hirsutum, *velu.* E. ♃
coloratum, *coloré.* E ♂
14. Scandix, *Cerfeuil.*
odorata, *musqué.* E. ♃
pecten veneris, *peigne de Vé-*
nus. E. ☉
cerefolium, *cultivé.* E. ☉
anthriscus, *à fruit velu.* E. ☉
nodosa, *noueux.* E. ☉
15. Coriandrum, *Coriandre.*
sativum, *cultivée.* E. ☉
testiculatum, *gros fruit.* E. ☉

16. Æthusa, *Ethuse.*
cynapium, *fétide.* E. ⊙
meum. E. ♃
bunius, *à feuilles de corian-
    dre.* E. ♂
17. Cicuta, *Ciguë.*
maculata, *tachetée.* Am. ♃
virosa, *vénéneuse.* E. ♃
18. Phellandrium.
aquaticum, *aquatique.* E. ♂
mutellina, *mutelline.* E. ♃
19. Œnanthe, *Enanthe.*
fistulosa, *fistuleuse.* E. ♃
crocata, *à feuilles de persil.*
    E. ♃
globulosa, *globuleuse.* E. ♃
pimpinelloïdes, *feuilles de
    boucage.* E. ♂
20. Cuminum, *Cumin.*
cyminum, *officinal.* Af. ⊙
21. Bubon.
macedonicum, *persil de Ma-
    cédoine.* As. ♂
rigidius, *à feuilles roides.*
    As. ♂
galbanum. Af. ♄
gumminferum, *gommifère.*
    Af. ♄
22. Sison.
amomum. E. ♂
segetum, *des moissons.* E. ♂
canadense, *de Canada.* Am.
    ♃
ammi. E. ⊙
inundatum, *aquatique.* E. ♃
verticillatum, *verticillé.* E. ♃
23. Sium, *Berle.*
angustifolium, *feuilles étroi-
    tes.* E. ♃
latifolium, *à feuilles larges.*
    E. ♃
repens, *rampante.* E. ♃
nodiflorum, *fleurs sessiles.*
    E. ♃
sisarum, *chervi.* E. ♃
falcaria, *à feuilles longues.*
    E. ♃
siculum, *fleurs jaunes.* E. ♃
24. Angelica, *Angélique.*
atropurpurea, *noir pourpre.*
    Am. sept. ♂
archangelica, *officinale.* E. ♂

sylvestris, *sauvage.* E. ♃
lucida, *luisante.* Am. sept. ♂
verticillaris, *verticillée.* E. ♂
razuli, *de Razul.*
25. Ligusticum, *Livêche.*
levisticum, *officinale.* E. ♃
peloponense, *circulaire.*
    As. ♃
pyrenæum, *des Pyrénées.*
    E. ♃
austriacum, *d'Autriche.*
    E. ♃
peregrinum, *étrangère.* E. ♂
26. Heracleum, *Berce.*
sphondilium, *officinale.* E. ♃
angustifolium, *feuilles étroi-
    tes.* E. ♃
alpinum, *des Alpes.* E. ♃
panaces, *à cinq feuilles.*
    E. ♃
laciniatum, *laciniée.* E. ♃
27. Laserpitium, *Laser.*
latifolium, *à larges feuilles.*
    E. ♃
trilobum, *à feuilles d'an-
    colie.*
gallicum, *cunéiforme.* E. ♃
—crispum, *crépu.* E. ♃
multifidum, *découpé.* E. ♃
ferulaceum, *férulacé.* E. ♃
humile, *nain.* E. ♃
siler, *lancéole.*
——*feuilles de carotte.* E. ♃
28. Ferula, *Férule.*
communis, *commune.* E. ♃
tingitana, *de Tanger.* Af. ♂
lucida, *luisante.* ♃
tenuifolia, *à feuilles étroites.*
    As. ♃
orientale, *d'Orient.* As. ♃
nodiflora, *nodiflore.* ♃
29. Cachrys, *Armarinthe.*
tomentosa, *tomenteuse.* E. ♃
libanotis, *lisse.* E. ♃
sicula, *hérissée.* E. ♃
30. Crithmum, *Bacille.*
maritimum, *maritime.* E. ♃
pyrenaïcum, *des Pyrénées.*
    E. ♃
31. Peucedanum.
officinale, *officinal.* E. ♃
album, *fleurs blanches.* E. ♃

tenuifolium, *feuilles étroites.*
E. ♃
silaus, *des prés.* E. ♃

32. Athamantha, *Athamanthe.*
libanotis, *du Liban.* E. ♃
— minor, *petites feuilles.*
E. ♃
condensata. E. ♃
sibirica, *cannelée.* As. ♃
cervaria, *glauque.*
oreoselinum. E. ♃
flexuosa, *tortueuse.* E. ♃
cretensis, *de Crète.* E. ♃
sicula, *de Sicile.* E. ♃
annua, *annuelle.* E. ⊙

33. Selinum.
palustre, *laiteux.*
seguieri, *de Seguier.* E. ♃
austriacum, *d'Autriche.* E. ♃
carvifolia, *feuilles de carvi.*
E. ♃
monieri, *annuel.* E. ⊙

34. Conium.
maculatum, *grande ciguë.*
E ♂

35. Bunium.
bulbocastanum, *terre noix.*
E. ♃
minus. (Gouan) E. ♃

36. Ammi.
majus, *lancéolé.* E. ♃

37. Daucus, *Carotte.*
gingidium.
meoïdes, *feuilles de meum.*
Am. ♃
vinasga, *vinasque.* E. ⊙
muricatus, *hérissée.* E. ♂
carota, *cultivée.* E. ♃

38. Caucalis, *Caucalide.*
grandiflora, *grandes fleurs.*
E. ⊙
daucoïdes, *feuilles de carotte.* E. ⊙
latifolia, *larges feuilles.* E. ⊙
platicarpos, *gros fruit.* E. ⊙
leptophylla, *petites fleurs.*
E ⊙

39. Arthedia, *Artedie.*
squammata, *écailleuse.* As. ⊙

40. Hasselquitia.
ægyptiaca, *d'Egypte.* Af. ⊙

41. Tordylium.
syriacum, *de Syrie.* Af. ⊙
officinale, *officinal.* E. ⊙
apulum. E. ⊙
segetum, *des bleds* E. ⊙
maximum, *lancéolé.* E.
anthriscus. E. ⊙
nodosum, *nodiflore.* E. ⊙

42. Buplevrum, *Buplèvre.*
rotundifolium, *percefeuille.*
E. ⊙
stellatum, *étoilé.* E. ♃
petræum, *des rochers.* E. ♃
falcatum, *falciforme.* E. ♃
semicompositum, *demi-com-
posé.* E. ♃
longifolium, *amplexicaule.*
E. ♃
odontites. E. ⊙
rigidum, *coriace.* E. ⊙
tenuissimum, *filiforme.* E. ⊙
junceum, *jonciforme.* E. ⊙
spinosum, *épineux.*
fruticosum, *arbrisseau.* E. ♄
gibraltaricum, *de Gibraltar.*
E. ♄

43. Echinophora, *Echinophore.*
spinosa, *épineuse.*
tenuifolia, *feuilles étroites.*
E. ♃

44. Eryngium, *Panicaut.*
planum, *plane.* E. ♃
tricuspidatum, *trois feuilles.*
E. ♂
fœtidum, *fétide.* Am. ♃
pusillum, *nain.* E. ♃
maritimum, *maritime.* E. ♃
alpinum, *des Alpes.* E. ♃
campestre, *chardon roland.*
E. ♃
bourgati. E. ♃

45. Astrantia, *Astrance.*
major, *grandes fleurs.* E. ♃
minor, *petites fleurs.* E. ♃

46. Sanicula, *Sanicle.*
europæa, *officinale.* E. ♃
canadensis, *de Canada.* Am.
sept. ♃

47. Hydrocotyle, *Hydrocotile.*
vulgaris, *commune.* E. ♃
americana, *d'Amérique.*
Am. ♃

48. **Lagæcia**, *Lagocie.*
cuminoïdes, *feuilles de cumin.* As. ☉

Cette Classe contient 48 genres qui comprennent 187 espèces.

C L A S S E   T R E I Z I È M E.

D I C O T Y L E D O N E S   P O L Y P E T A L E S.

O R D R E   I.er

Ranunculi, *les Renoncules.*

1. **Clematis**, *Clématite.*
viorna, *viorne.* Am. sept. ♃
viticella, *bleue.* E. ♃
orientalis, *glauque.* As. ♄
vitalba, *herbe aux gueux.* E. ♄
virginiana, *de Virginie.* Am. sept. ♄
flammula, *odorante.* E. ♄
erecta, *droite* E. ♃
— elatior. E. ♃
integrifolia, *à une fleur.* E. ♃
cirrhosa, *à vrilles.* E. ♃
calicina, *grand calice.* ♃

2. **Atragene**, *Atragène.*
alpina, *des Alpes.* E. ♃

3. **Thalictrum**, *Pigamon.*
fœtidum, *fétide.* E. ♃
tuberosum, *tubéreux* E. ♃
cornuti, *de Cornuti.* Am. ♃
minus, *nain.* E. ♃
bulbosum, *bulbeux.* E. ♃
sibiricum, *de Sibérie.* E. ♃
angustifolium, *feuilles étroites.* E. ♃
flavum, *des prés.* E. ♃
— angulosum. E. ♃
speciosum, *glauque.* E. ♃
rugosum, *feuilles ridées.* E. ♃
majus, *élevé.* E. ♃
nutans, *fleurs penchées.* E. ♃
lucidum, *luisant.* E. ♃
aquilegifolium, *feuil. d'ancolie.* E. ♃

4. **Anemone**, *Anemone.*
hepatica, *hépatique.*
pulsatilla, *pulsatille.* E. ♃
narcissiflora, *fleur de Narcisse.* E. ♃
alpina, *des Alpes.* E. ♃
virginiana, *de Virginie.* Am. ♃
pensylvanica, *de Pensylvanie.* Am. sept. ♃
sylvestris, *sauvage.* E. ♃
apennina, *grandes fleurs.* E. ♃
dichotoma, *dichotome.* Am. sept. ♃
ranunculoïdes, *jaune.* E. ♃
nemorosa, *des bois.* E. ♃

5. **Adonis**, *Adonide.*
æstivalis, *d'été.* E. ☉
autumnalis, *d'automne.* E. ☉
vernalis, *printanier.* E. ☉
capensis, *du Cap.* Af. ♃

6. **Myosurus.**
minimus, *nain.* E. ☉

7. **Ranunculus**, *Renoncule.*
flammula, *petite douve.* E. ♃
lingua, *lancéolée.* E. ♃
pallidior, *pâle.* E. ♃
nodiflorus, *nodiflore.* E. ☉
gramineus, *glauque.* E. ☉
ficaria, *chélidoine.* E. ☉
nivalis, *des neiges.* ♃
thora. E. ♃
parnassifolius, *feuilles de parnassia.* E. ♃
glacialis, *des glaces.* F. ♃
creticus, *de Crète.* E. ♃
auricomus, *des bois.* E. ♃
sceleratus, *scélérate.* E. ☉
canadensis, *de Canada.* Am. sept. ♃
aconitifolius, *bouton d'argent.* E. ♃
platanifolius, *feuilles de platane.* E. ♃

asiaticus, *asiatique.* As. ♃
repens, *rampante.* E. ♃
bulbosus, *bulbeuse.* E. ♃
polyanthemos, *fleurs nom-*
breuses. E. ♃
acris, *bouton d'or.* E. ♃.
lanuginosus, *lanugineuse.*
E. ♃
arvensis, *des champs.* E. ♃
muricatus, *épineuse.* E. ♃
chærophillus, *feuilles de*
cerfeuil. E. ♃
parviflorus, *petites fleurs.*
E. ☉
hederaceus, *feuilles de lierre.*
E. ♃
falcatus, *falciforme.* E. ☉
aquatilis, *aquatique.* E. ♃
— capillaceus, *feuilles ca-*
pillaires. E. ♃
— peucedanifolius, *feuilles*
de peucedanum. E. ♃

8. **Helleborus**, *Hellebore.*
hyemalis, *d'hiver.* E. ♃
niger, *noir.* E. ♃
viridis, *verd.* E. ♃
fœtidus, *fétide.* E. ♃
corsicus, *de Corse.* É. ♃

9. **Trollius.**
europæus, *d'Europe.* E. ♃

10. **Isopyrum.**
fumarioïdes, *feuilles de fu-*
meterre. E. ☉

11. **Nigella**, *Nigelle.*
damascena, *à involucres.*
E. ☉
sativa, *tuberculeuse.* E. ☉
arvensis, *des champs.* E. ☉
hispanica, *d'Espagne.* E. ☉
orientalis, *d'Orient.* As. ☉

12. **Garidella**, *Garidelle.*
nigellastrum, *feuilles de ni-*
gelle. E. ☉

13. **Aquilegia**, *Ancolie.*
viridiflora, *fleurs vertes.*
E. ♃
vulgaris, *des jardins.* E. ♃
canadensis, *de Canada.* Am.
sept. ♃

14. **Delphinium**, *Dauphinelle.*
consolida, *des bleds.* E. ☉
ajacis, *d'Ajax.* E. ☉

peregrinum, *étrangère.* E. ☉
grandiflorum, *grandes fleurs.*
As. ♃
elatum, *élevée.* E. ♃
— hirsutum, *velue.* E. ♃
staphisagria, *staphisaigre.*
E. ♃
— minor, *petite.* E. ♃

15. **Aconitum**, *Aconit.*
lycoctonum, *tue-loup.* E. ♃
— majus, *grand tue-loup.*
E. ♃
variegatum, *panaché.* E. ♃
pyrenaïcum, *des Pyrénées.*
E. ♃
napellus, *napel.* E. ♃
anthora. E. ♃
cammarum, *à grandes fleurs.*
E. ♃

16. **Caltha.**
palustris, *des marais.* E. ♃

17. **Pæonia**, *Pivoine.*
officinalis, *officinale.* E. ♃
— ochranthemos. E. ♃
— lobata, *feuilles lobées.*
E. ♃
fœminea, *femelle.* E. ♃
villosa, *velue.* E. ♃
tenuifolia, *feuilles fines.* E. ♃

18. **Actæa**, *Actée.*
spicata, *à épis.* E. ♃
canadensis, *de Canada.* Am.
sept. ♃
— alba, *fruit blanc.* Am.
sept. ♃
racemosa, *à grappes.* E. ♃

19. **Podophyllum.**
peltatum, *feuilles lobées.*
Am. sept. ♃

20. **Nymphæa**, *Nénuphar.*
lutea, *jaune.* E. ♃
alba, *blanc.* E. ♃

O R D R E   I I.

Papavera, *les Pavots.*

21. **Argemone**, *Argemone.*
mexicana, *du Mexique.*
Am. ☉
— alba, *blanche.* Am. ☉

22. **Papaver**, *Pavot.*
dubium, *à fruit long.* E. ☉

argemone, *argemone.* E. ⊙
rheas, *coquelicot.* E. ⊙
somniferum, *somnifère.* E. ⊙
— hortense, *des jardins.* E. ⊙
nudicaule, *tige nue.* E. ♂
orientale, *d'Orient.* As. ♃
cambricum , *des Pyrénées.*
   E. ♃

23. Chelidonium, *Chelidoine.*
glaucum, *cornue.* E. ♃
corniculatum , *fleur rouge.*
   E. ♃
majus, *officinale.* E. ♃
— quercifolium , *feuilles de*
   chêne. E. ♃

24. Bocconia, *Boccone.*
frutescens, *arbrisseau.* ♄

25. Sanguinaria, *Sanguinaire.*
canadensis , *de Canada.*
   Am. ♃

26. Fumaria, *Fumeterre.*
cucullata, *à capuchon.* Am.
   sept. ♃
bulbosa, *bulbeuse.* E. ♃
spectabilis , *grandes fleurs.*
   E. ♃
lutea, *jaune.* E. ♃
sempervireus, *longues sili-*
   ques. Am. sept. ♃
officinalis, *officinale.* E. ⊙
vesicaria , *vésiculeuse.* E. ⊙
parviflora, *petites fleurs.* E. ⊙
spicata , *à épis.* E. ⊙

27. Hypecoum, *Hypecoon.*
procumbens , *tige tombante.*
   E. ⊙

28. Impatiens, *Balsamine.*
balsamina , *des jardins.*
   As. ⊙
noli me tangere, *élastique.*
   E. ⊙

ORDRE III.

Cruciferæ, *les Crucifères.*

29. Raphanus, *Raifort.*
sativus, *cultivé.* As. ♂
— niger, *noir.* E. ♂
— oleifer, *oléifère.* E. ♂
— tortuosus , *tortueux.* E. ⊙

caudatus , *longues siliques.*
   As. ⊙
raphanistrum, *articulé.* E. ⊙

30. Sinapis, *Moutarde.*
arvensis, *des bleds.* E. ⊙
alba , *blanche.* E. ⊙
nigra , *sénevé.* E. ⊙
pyrenaïca , *des Pyrénées.*
   E. ♃
juncea, *jonciforme.* As. ⊙
incana, *velue.* E. ⊙
hispanica , *d'Espagne.* E. ⊙
brassicata , *feuilles de chou.*
   E. ⊙
erucoïdes , *fleurs blanches.*
   E. ⊙

31. Brassica , *Chou.*
eruca, *roquette.* E. ⊙
tournefortii, *feuilles de rai-*
   fort. E. ♂
erucastrum, *fausse roquette.*
   E. ⊙
oleracea , *cultivé.* E. ♂
— sylvestris, *cavalier.* E. ♂
— sabellina , *frisé.* E. ♂
— congloïdes , *rave.* E. ♂
—— *choufleur.* E. ♂
viridis , *verd.* E. ♂
— capitata, *pommé.* E. ♂
rubra, *rouge.* E. ♂
sempervireus, *vivace.* E. ♃
rapa, *turneps.* E. ♂
napus, *navet.* E. ♂
arvensis, *des champs.* E. ♂
orientalis, *d'Orient.* As. ♂
campestris. — E. ⊙

32. Turritis, *Tourette.*
glabra, *glabre.* E. ♂
hirsuta, *velue.* E. ⊙
alpina, *des Alpes.* E. ♃
verna, *printanière.* E. ♃

33. Arabis, *Arabette.*
thaliana , *feuilles entières.*
   E. ♂
bellidifolia, *feuilles de pâ-*
   querette. E. ⊙
turrita, *jaunâtre.* E. ♃
pendula , *fruits pendants.*
   E. ♂

34. Hesperis, *Julienne.*
matronalis, *des jardins.* E. ♂
tristis, *fleurs brunes.* E. ♂

africana, *d'Afrique.* Af ⊙
verna, *printanière.* E. ⊙

35. **Cheiranthus,** *Giroflée.*
erysimoïdes, *feuilles de velar.* E. ⊙
cheiri, *jaune.* E. ♃
chius, *de Chio* E. ⊙
maritimus, *de Mahon.* E. ⊙
fenestralis, *fenestrelle.*
sinuatus, *feuilles sinuées.* E. ⊙
incanus, *blanchâtre.* E. ♃
annuus, *des jardins.* E. ⊙
græcus, *grecque.* E. ♂
littoreus, *feuilles épaisses.* E. ♂
tricuspidatus, *à trois pointes.* E ⊙
tristis, *fleurs brunes.* E. ♃
quadrangulus, *quadrangulaire.* As. ♃
alpinus, *des Alpes.* E. ♂

36. **Erysimum,** *Velar.*
officinale, *officinal.* E. ♃
barbarea, *feuilles lyrées.* E. ♃
— præcox, *précoce.* E. ♃
alliaria, *alliaire* E. ♂
repandum, *sinué.* E. ⊙
cheiranthoïdes, *feuilles de cheiri.* E. ⊙
hieracifolium, *feuilles d'épervière.* E. ♂

37. **Sisymbrium,** *Cresson.*
nasturtium, *de fontaine.* E. ♃
tanacetifolium, *feuilles de tanaisie.* E. ⊙
pyrenaïcum, *des Pyrénées.* E. ♃
hispanicum, *d'Espagne.* E. ⊙
sylvestre, *sauvage.* E. ⊙
apetalum, *apétale.* E. ⊙
bursifolium, *feuilles de tabouret.* E. ♂
polyceratum, *à siliques nombreuses.* E. ♃
jacobæifolium, *feuilles de jacobée.* E. ♂
vimineum, *petites fleurs.* E. ⊙
erucastrum, *fausse roquette.* E. ⊙

barellieri, *de Barellier.* E. ⊙
arenosum, *des sables.* E. ⊙
asperum, *rude.* E. ⊙
sophia. E. ⊙
altissimum, *élevé.* E. ⊙
irio. E ⊙
loeseli, *de Loesel.* E. ⊙
strictissimum, *élevé.* E. ♃

38. **Cardamine.**
petræa, *des rochers.* E. ♃
resedifolia, *feuilles de réséda.* E. ⊙
trifoliata, *à trois feuilles.* E. ⊙
chelidonia, *feuilles de chélidoine.* E. ⊙
impatiens, *élastique.* E. ♂
hirsuta, *velue.* E. ⊙
pratensis, *des prés.* E. ♃
bellidifolia, *feuilles de paquerette.* E. ♃

39. **Dentaria,** *Dentaire.*
pentaphyllos, *à cinq feuilles.* E. ⊙

40. **Ricotia.**
ægyptiaca, *d'Egypte.* Af. ⊙

41. **Lunaria,** *Lunaire.*
rediviva, *vivace.* E. ♃
annua, *annuelle* E. ⊙

42. **Biscutella,** *Lunetière.*
auriculata, *auriculée.* E. ⊙
apula, *à fruit rude.* E. ⊙
lævigata, *à fruit lisse.* E. ⊙

43. **Clypæola,** *Clypéole.*
jonthlaspi, *monosperme.*

44. **Peltaria.**
alliacea, *alliaire.* E. ⊙

45. **Alyssum,** *Alysse.*
spinosum, *épineux.*
montanum, *de montagne.* E. ♃
halimifolium, *feuilles d'halime.*
deltoïdeum, *deltoïde.* As. ♄
saxatile, *des rochers.* As. ♄
incanum, *blanc.*
calycinum, *à calyce persistant.* E ⊙
campestre, *des champs.* E. ⊙
clypeatum, *à larges siliques.* E. ♂

utriculatum , *vésiculeux.* As. ♃
sinuatum , *sinué.*
alpestre , *orbiculaire.*
46. Iberis , *Iberide.*
semperfloreus , *toujours fleu-rie.* E. ♄
— aurea, *panachée.* E. ♄
saxatilis, *des rochers.* E. ♃
rotundifolia, *à feuil. rondes.* E. ♃
umbellata, *corymbifère.*
amara, *amère.* E. ☉
odorata , *odorante.* E. ☉
pinnata, *pinnée.* E. ☉
47. Cochlearia, *Cranson.*
officinalis, *officinal.* E. ♂
supina, *couché.* As. ☉
coronopus , *corne de cerf.* E. ☉
armoriaca , *grand raifort.* E. ♃
draba, *drave.* E. ♃
glastifolia , *feuilles de pastel.* E. ♂
48. Thlaspi.
arvense , *grandes siliques.* E. ☉
alliaceum , *odeur d'ail.* E. ☉
saxatile , *feuilles charnues.* E. ♂
campestre , *velu.* E. ♂
montanum , *de montagne.* E. ☉
perfoliatum , *perfolié.* E. ♂
alpestre , *à petites fleurs.* E. ☉
hirtum , *fruit velu.* E. ♂
bursa pastoris, *tabouret.* E. ♂
49. Lepidium , *Cressonnette.*
perfoliatum , *perfoliée.* E. ☉
nudicaule , *tige nue.* E. ☉
procumbens , *tombante.* E. ☉
alpinum , *des Alpes.* E. ♃
subulatum , *subulée.* E. ♃
petræum , *des rochers.* E. ♃
sativum , *cultivée.* E. ☉
— crispum , *crépue.* E. ☉
— latifolium , *larges feuilles.* E. ☉
latifolium , *passerage.* E. ♃
iberis. E. ☉
ruderale , *apétale.* E. ☉

virginicum , *de Virginie.* Am. ☉
halepense , *feuilles hastées.* As. ☉
50. Draba , *Drave.*
alpina, *des Alpes* E. ♃
aizoïdes , *aizoïde.* E. ♃
verna , *printanière.* E. ♃
pyrenaïca, *des Pyrénées.* E. ♃
muralis, *des murs.* E. ☉
hirta, *hérissée.* E. ☉
incana, *blanchâtre.* E. ☉
51. Anastatica , *Jerose.*
hierocuntica , *rose de Jé-richo.* As. ☉
syriaca, *de Syrie.* E. ☉
52. Vella.
annua, *feuilles plumées.* E ☉
pseudo-cytisus, *feuilles en-tières.* E. ♄
53. Myagrum , *Cameline.*
perenne, *vivace.* E. ♃
orientale, *d'Orient.* As. ☉
paniculatum, *paniculée.* E ☉
rugosum, *rugueuse.* E. ☉
minus, *naine.* E. ☉
perfoliatum, *perfoliée.* E. ☉
saxatile, *des rochers.* E. ♂
sativum, *cultivée.* E. ☉
54 Crambe.
pannonica, *de Hongrie.* E. ♃
orientalis, *d'Orient.* As. ♃
maritima, *chou marin.* E. ♃
hispanica, *tige rude.* E. ☉
fruticosa, *arbrisseau.* E. ♄
55. Isatis , *Pastel.*
tinctoria, *cultivé.* E. ♂
lusitanica, *de Portugal.* E. ☉
56. Bunias.
crucago, *tétragone.* E. ☉
ægyptiaca, *d'Egypte.* Af. ☉
balcarica, *hérissée.* E. ☉
orientalis, *d'Orient.* As. ♃
57. Kakile.
maritima, *maritime.* E. ☉

ORDRE IV.

Capparices, *les Capriers.*

58. Cleome , *Mozambe.*
gigantea, *gigantesque.* Am. ♄

spinosa, *épineuse.* Am. ⊙
pentaphylla, *à cinq feuilles.*
  As. ⊙
triphylla, *à trois feuilles.*
  As. ⊙
viscosa, *visqueuse.* Af. ⊙
ornithopodioïdes, *pied d'oi-*
  seau. As. ⊙
arabica, *d'Arabie.* As. ⊙
dodecandra, *douze étamines.*
  As. ⊙

59. Capparis, *Caprier.*
inermis, *sans épines.* E. ♃
spinosa, *cultivé.* E. ♃

60. Reseda
lutea, *jaune.* E. ♂
glauca, *glauque.* E. ♂
sesamoïdes, *étoilé.* E ⊙
alba, *blanc.* E. ⊙
undata, *trois styles.* E. ♃
luteola, *gaude.* E. ♂
odorata, *odorant.* Af. ⊙
phyteuma, *grand calice.*
  E. ⊙

61. Parnassia, *Parnassie.*
palustris, *des marais.* E. ♃

62. Drosera, *Rossolis.*
rotundifolia, *feuilles rondes.*
  E. ♃
longifolia, *feuilles longues.*
  E. ♃

63. Kiggellaria, *Kiggellaire.*
africana, *glanduleuse.* Af. ♄

64. Bixa, *Rocou.*
orellana, *officinal.* Amér.
  mér. ♄

65. Tropæolum, *Capucine.*
majus, *à grandes fleurs.*
  Am. ⊙
— flore pleno, *fleur double.*
  Am. ♄
minus, *petites fleurs.* Am. ⊙
peregrinum, *ciliée.* Am. ⊙

66. Viola, *Violette.*
odorata, *odorante.* E. ♃
palustris, *des marais.* E. ♃
hirta, *velue.* E. ♃
rhotomagensis, *de Rouen.*
  E. ♃
canina, *de chien.* E. ♃
montana, *de montagne.* E ♃

canadensis, *feuilles larges.*
  Am. sept. ♃
biflora, *deux fleurs.* E. ♃
tricolor, *tricolore.* E. ♃
— hortensis, *pensée.* E. ♃
cornuta, *long éperon.* E. ♃
grandiflora, *grande fleur.*
  E. ♃

67. Passiflora, *Grenadille.*
laurifolia, *feuilles de laurier.*
  As. ♃
rubra, *rouge.* Am. mér. ♃
capsularis, *à capsules.* E. ♃
punctata, *ponctuée.* Am.
  mér. ♄
lutea, *jaune.* Am. ♄
suberosa, *fongueuse.* Am. ♄
minima, *petites fleurs.* Am.
  ♄.
holosericea, *soyeuse.* Am.
  mer. ♄
cærulea, *bleue.* Am. ♄
fœtida, *fétide.* Am. ⊙

ORDRE V.

Pauliniæ, *les Paulinies.*

68. Cardiospermum, *Corinde.*
halicacabum, *pois de mer-*
  veille As. ⊙
— minus.

69. Paulinia.
polyphylla, *feuilles nom-*
  breuses. Am. mér. ♄
seriana. —

70. Sapindus, *Savonier.*
saponaria, *usuel.* Am. mér. ♄
indica, *des Indes.* As. ♄

ORDRE VI.

Malpighiæ, *les Malpighies.*

71. Coriaria, *Redoul.*
myrtifolia, *feuilles de myr-*
  te. E. ♄.

72. Malpighia, *Malpighie.*
glabra, *glabre* Am. ♄
punicifolia, *feuilles de gre-*
  nadier. Am. ♄
urens, *brûlante.* Am. ♄
aquifolia, *feuilles de houx.*
  Am. mér. ♄

73. Triopteris.
jamaïcensis, *de la Jamaïque.*
Am. mér. ♄

O R D R E VII.

Vites, *les Vignes.*

74. Cissus, *Achit.*
orientalis, *d'Orient.* As. ♄
acida, *acide.* Am. ♄
cordifolia, *feuilles en cœur.*
Am. ♄
quinquefolia, *cinq feuilles.*
Am. sept. ♄
75. Vitis, *Vigne.*
uvifera, *cultivée.* E. ♄
— præcox, *précoce.* E. ♄
vulpina, *de renard.* Am. sept.
♄
laciniosa, *laciniée.* E. ♄
virginica, *de Virginie.* Am. ♄
arborea, *en arbre.* Am. sept. ♄

O R D R E VIII.

Gerania, *les Geranions.*

76. Geranium, *Geranion.*
fulgidum, *couleur de feu.*
Af. ♄
inquinans, *écarlate.* Af. ♄
— roseum, *écarlate pâle.*
Af. ♄
hybridum, *hybride.* Af. ♄
acetosum, *acide.* Af. ♄
papilionaceum, *papillonacé.*
Af. ♄
acerifolium, *feuil. d'érable.*
Af. ♄
cucullatum, *feuilles conca-*
ves. Af. ♄
carnosum, *charnu.* Af. ♄
gibbosum, *gibbeux.* Af. ♄
peltatum, *en bouclier.* Af. ♄
zonale, *à zones.* Af. ♄
— variegatum, *panaché.*
Af. ♄
scabrum, *rude.* Af. ♄
tetragonum, *tetragone.* Af. ♄
bicolor, *à deux couleurs.*
Af. ♄
vitifolium, *feuilles de vigne.*
Af. ♄

capitatum, *fleurs en tête.*
Af. ♄
quercifolium, *feuil. de chêne.*
Af. ♄
viscosum, *visqueux.* Af. ♄
radula. Af. ♄
terebinthinaceum, *odeur de*
térébenthine. Af. ♄
alchimilloïdes, *feuilles d'al-*
chimille. Af. ♃
tabulare, *long pédoncule.*
As. ♄
odoratissimum, *odorant.* Af.
♃
anemonefolium, *feuilles d'a-*
nemone, Af. ♄
grossularioïdes, *feuilles de*
groseiller. As. ♃
cordifolium, *feuilles en cœur.*
Af. ♄
coriandrifolium, *feuilles de*
coriandre. ♃
myrrhifolium, *feuilles de*
myrrhis. Af. ♃
exstipulatum, *sans stipules.*
Af. ♄
lobatum, *feuilles lobées.* Af.
♄
crispum, *crépu.* Af. ♄
triste, *à fleurs brunes.* Af. ♄
daucifolium, *feuilles de ca-*
rotte. Af. ♃
alpinum, *des Alpes.* E. ♃
petræum, *des rochers.* E. ♃
cicutarium, *feuilles de ciguë.*
E. ♃
moschatum, *musqué.* E. ⊙
malacoïdes, *malacoide.*
maritimum, *maritime.* E. ♂
pyrenaïcum, *des Pyrénées.*
E. ♃
glaucophyllum, *glauque.*
Af. ⊙
ciconium, *bec de cigogne.*
E. ⊙
gruinum, *bec de grue.* E. ⊙
tuberosum, *tubéreux.* E. ♃
reflexum, *réfléchi.* E. ♃
macrorrhyzum, *grosse ra-*
cine. E. ♃
phœum, *fleurs brunes.* E. ♃
nodosum, *noueux.* E. ♃
striatum, *reiné.* E. ♃
sylvaticum, *des bois.* E. ♃

palustre, *des marais.* E. ♃
maculatum, *maculé.* Am.
    sept. ♃
pratense, *des prés.* E. ♃
aconitifolium, *feuilles d'a-*
    conit. E. ♃
incanum, *satiné.* Af. ♃
robertianum, *herbe à Robert.*
    E. ♃
geifolium, *feuilles de benoite.*
    Af. ♂
bohemicum, *de Bohême.*
    E. ☉
lucidum, *luisant.* E. ☉
molle, *feuilles molles.* E. ☉
pusillum, *petites fleurs.* E. ☉
dissectum, *découpé.* E. ☉
carolinianum, *de Caroline.*
    Am. ♃
columbinum, *colombin.* E. ♂
rotundifolium, *feuilles ron-*
    des.
sibiricum, *de Sibérie.* E. ♃
sanguineum, *sanguin.* E. ♃
prostratum, *couché.* E. ♃
reichardi, *nain.* E. ☉

77. Walteria.
americana, *d'Amérique.*
    Am. mér.

78. Melochia, *Melochie.*
pyramidata, *pyramidale.*
corchorifolia, *feuilles de cor-*
    chorus. As. ☉

ORDRE IX.

Malvaceæ, *les Malvacées.*

79. Sida.
spinosa, *épineux.*
frutescens, *arbrisseau.* Am.
    mér. ♄
carpinifolia, *feuilles de*
    charme. Af. ♄
rhombifolia, *rhomboïdal.*
    Af. ☉
alnifolia, *feuilles d'aulne.*
    As. ☉
retusa, *tronqué.* As. ♂
angustifolia, *feuilles étroites.*
    Af. ♄
umbellata, *ombellifère.* Am.
    ♂

triquetra, *triangulaire.* Am.
    ☉
periplocifolia, *feuilles de pe-*
    riploca.
stellata, *étoilé.* E. ☉
cristata, *en crête.* ☉
cordifolia, *feuilles en cœur.*
grandiflora, *grande fleur.*
    Am. ♄
palmata, *feuilles palmées.*
abutilon. — As. ☉
indica, *des Indes.* As. ☉
occidentalis, *d'Occident.* Am.
    ☉
asiatica, *d'Asie.* As. ☉
crispa, *crépu.* Am. ☉
dianthema, *à deux fleurs.*
hirta, *velu.* Af. ☉
planiflora, *fleurs planes.*
    Af. ☉

80. Palava, *Palave.*
malvæfolia, *feuil. de mauve.*
    Am. ☉

81. Malachra, *Malachre.*
capitata, *fleurs en tête.* Am. ☉

82. Malva, *Mauve.*
angustifolia, *feuilles étroites.*
    Am. ♄
spicata, *à épis.* Am. ☉
scoparia, *à balais.* Am.
    mér. ♄
scabra, *rude.* Am. mér. ♄
americana, *d'Amérique.*
    Am. ☉
limensis, *de Lima.* Am. ☉
peruviana, *du Pérou.* Am. ☉
capensis, *du Cap.* Af. ♄
virgata, *effilée.* Af. ♄
mauritiana, *de l'Ile de*
    France.
caroliniana, *de la Caroline.*
    Am. ☉
rotundifolia, *feuilles rondes.*
    E. ☉
scherardiana, *de Scherard.*
parviflora, *petites fleurs.*
    Af. ☉
nicensis, *de Nice.* E. ☉
sylvestris, *sauvage* E. ♂
verticillata, *verticillée.* As. ☉
alcea, *alcée.* E. ♃
crispa, *crépue.* As. ☉
moschata, *musquée.* E. ♃

ægyptiaca, *d'Egypte.* Af. ☉
83. Alcea, *Alcée.*
rosea, *sinuée.* As. ♂
ficifolia, *feuilles de figuier.*
　As. ♂
sinensis, *de Chine.* As. ♂
chalepensis, *d'Alep.* As. ♂
84. Althæa, *Guimauve.*
ludwigii, *feuilles lobées.*
　E. ☉
officinalis, *officinale.* E. ♃
hirsuta, *velue.* E. ☉
narbonensis, *de Narbonne.*
　E. ♃
cannabina, *feuilles de chan-*
vre E. ♃
85. Gossipium, *Cotonier.*
arboreum, *en arbre*, As. ♄
hirsutum, *velu.* As. ♄
religiosum, *trois pointes.*
　As. ♄
herbaceum, *d'Orient.* As. ♄
86. Napæa, *Napée.*
lævis, *lisse.* Am. ♃
scabra, *rude.* Am. ♃
87. Lavatera, *Lavatère.*
arborea, *en arbre.* E. ♄
micans, *luisante.* E. ♄
olbia, *cinq lobes.* E. ♄
triloba, *trois lobes.* E. ♄
maritima, *maritime.* E. ♄
cretica, *de Crète.* E. ☉
lusitanica, *de Portugal.* E. ♄
thuringiaca, *de Thuringe.*
　E. ♄
trimestris, *à opercule.* E. ☉
88. Malope, *Malope.*
malacoïdes, *feuilles ovales.*
　Af. ♂
89. Urena.
lobata, *feuilles lobées.* Am. ♄
sinuata, *feuilles sinuées.*
　Am. ♄
90. Hibiscus, *Ketmie.*
palustris, *des marais.* Am. ♃
moschentos. Am. sept. ♃
pentacarpos, *cinq capsules.*
　E. ♃
populeus, *feuilles de peu-*
plier. Af. ♄
tiliaceus, *feuilles de tilleul.*
　As. ♄

rosa sinensis, *rose de Chine.*
　As. ♄
mutabilis, *fleurs changean-*
tes. As. ♄
spinifex, *épineuse.* As. ♄
aristatus, *longues arètes.*
　Am. ♄
roseus, *rose.* As. ♄
cuneifolius, *cunéiforme.*
　As. ♄
syriacus, *des jardins.* As. ♄
ficulneus, *feuilles de figuier.*
　As. ♄
zeilanicus, *de Ceylan.* As. ♄
manihot. As. ♄
cannabinus, *feuilles de chan-*
vre. As. ☉
abelmoschus, *musqué.* As. ☉
esculentus, *gombaut.* As. ☉
tubulosus, *tubulée.* As. ☉
sabdarifla, *oseille de Guinée.*
　Af. ☉
vitifolius, *feuille de vigne.*
　As. ☉
trionum, *vésiculeuse.* As. ☉
— africanum, *d'Afrique.*
　Af. ☉
malvaviscus, *fleurs pour-*
pres. Am. mér. ♄
urens, *brûlante.* Af. ♄
91. Adansonia, *Baobad.*
digitata, *digité.* As. ♄
92. Bombax, *Fromager.*
ceiba. — As. ♄
93. Dombeya, *Dombey.*
....
94. Camellia, *Camelli.*
japonica, *du Japon.* As. ♄
95. Stewartia.
malacodendron, *feuilles en*
scie. Am. ♄
96. Thea, *Thé.*
bohea, *boui.* As. ♄

ORDRE X.

Hermanniæ, *les Hermannies.*

97. Hermannia, *Hermannie.*
denudata. — As. ♄
hyssopifolia, *feuilles d'hys-*
sope. Af. ♄

althæifolia, *feuilles d'al-*
théa, Af. ♃
grossularifolia, *feuilles de*
grosellier. Af. ♃
alnifolia, *feuilles d'aulne.*
Af. ♃

98. Ayenia, *Ayenie.*
pusilla, *feuilles lisses.* Am.
mér. ♂

99. Bythneria, *Bythnère.*
ovata, *feuilles ovales.* Am.
mér. ♃

100. Theobroma, *Cacaoyer.*
cacaoifera, *usuel.* As. ♃

101. Guazuma.
ulmifolia, *feuilles d'orme.*
Am. ♃

102. Pentapetes.
phænicea, *de Phénicie.*
As. ⊙

103. Solandra.
lobata, *à trois lobes.* Af. ⊙

104. Oxalis, *Oxalide.*
acetosella, *officinale.* E. ♃
purpurea, *pourpre.* As. ♃
pes capræ, *pied de chèvre.*
Af. ♃
bulbosa, *bulbeuse.* Af. ♃
incarnata, *incarnate.* Af. ♃
stricta, *tiges serrées.* Am.
sept. ♃
corniculata, *petites fleurs.*
E. ⊙

O R D R E X I.
Tiliæ, *les Tilleuls.*

105. Corchorus, *Coréte.*
olitorius, *à cinq lobes.*
Am. ⊙
æstuans, *hexagone.* Am.
mér. ♃
hirsutus, *velu.* Am. mér. ⊙
senegalensis, *du Sénégal.*
As. ⊙
silicosus, *siliqueux.* Am.
mér. ♃

106. Heliocarpus, *Héliocarpe.*
americana, *d'Amérique.*
Am. mér. ♃

107. Triumfetta, *Lappuline.*
appula, *sans calice.* Am.
mér. ♃

108. Grewia, *Grewier.*
orientalis, *d'Orient.* As. ♃
occidentalis, *d'Occident.*
As. ♃

109. Tilia, *Tilleul.*
europæa, *d'Europe.* E. ♃
sylvestris, *sauvage.* E. ♃
multiflora, *fleurs nombreu-*
ses. Am. sept. ♃
americana, *d'Amérique.*
Am. sept. ♃
argentea, *argenté.* Am. ♃

O R D R E X I I.
Anonæ, *les Anones.*

110. Liriodendron, *Tulipier.*
tulipifera, *de Virginie.*
Am ♃

111. Magnolia, *Magnolier.*
grandiflora, *grandes fleurs.*
Am. ♃
glauca, *glauque.* Am. sept.
♃
acuminata, *feuilles aiguës.*
Am. ♃
tripetala, *trois pétales.* Am.
sept. ♃

112. Anona, *Anone.*
muricata, *corossol.* Am.
mér. ♃
asiatica, *d'Asie.* As. ♃
triloba, *à trois lobes.* Am. ♃

113. Illicium, *Badiane.*
floridanum, *rouge.* Am. ♃

114. Menispermum, *Ménis-*
perme.
canadense, *feuilles angu-*
leuses. Am. sept. ♃
virginicum, *de Virginie.*
Am. sept. ♃

O R D R E X I I I.
Lauri, *les Lauriers.*

115. Laurus, *Laurier.*
camphora, *camphrier.* As. ♃
nobilis, *commun.* E. ♃

— undulata, *ondé*. E. ♄
— angustifolius, *feuilles
    étroites*. E. ♄
indica, *des Indes*. As. ♄
cinnamomum, *canelle*.
    As. ♄
borbonia, *rouge*. Am. sept.
    ♄
maderiensis, *de Madère*.
    Afr. ♄
persea, *avocatier*. Am. ♄
æstivalis, *d'été*. Am. ♄
benzoin, *faux benjoin*.
    Am. ♄
sassafras. — Am. ♄

O R D R E   XIV.

Berberides, *les Épines
vinettes*.

116. Hamamelis.
    virginiana, *de Virginie*.
        Am. ♄
117. Berberis, *Épine vinette*.
    vulgaris, *commune*. E. ♄
    canadensis, *de Canada*.
        Am. sept. ♄
    cretica, *de Crète*. As. ♄
    sinensis, *de Chine*. As. ♄
118. Epimedium, *Epimède*.
    alpinum, *des Alpes*. E. ♃

O R D R E   XV.

Rutæ, *les Rhües*.

119. Tribulus, *Herse*.
    terrestris, *rampante*. E. ♃
    cistoïdes, *grande fleur*.
        Am. ☉
120. Fagonia, *Fagone*.
    cretica, *de Crète*. E. ♂
121. Zigophyllum, *Fabagelle*.
    fabago, *commun*. E. ♃
    morgsana, *feuilles de pour-
        pier*. As. ♄
    album, *fleurs blanches*.
        Afr. ♄
122. Scotia.
    speciosa, *fleurs rouges*. As. ♄
123. Guayacum, *Gayac*.
    sanctum, *officinal*. Am. ♄

124. Diosma.
    rubra, *rouge*. Af. ♄
    ericoïdes, *feuil. de bruyère*.
        As. ♄
    ciliata, *cilié*. As. ♄
125. Ruta, *Rhüe*.
    graveolens, *puante*. E. ♃
    sylvestris, *sauvage*. E. ♃
    chalepensis, *à fleurs ciliées*.
        E. ♃
    linifolia, *feuilles de lin*. E. ♃
126. Peganum, *Harmale*.
    harmala. E. ♃
127. Dictamnus, *Dictame*.
    albus, *cultivé*. E. ♃

O R D R E   XVI.

Cisti, *les Cistes*.

128. Cistus, *Ciste*.
    salicifolius, *feuilles de
        saule*. E. ☉
    niloticus, *du Nil*. Af. ☉
    ægyptiacus, *vésiculeux*.
        Af. ☉
    thymifolius, *feuil. de thym*.
        E. ♄
    serpillifolius, *feuilles de
        serpolet*. E. ♄
    glutinosus, *glutineux*.
        E. ♄
    lavandulæfolius, *feuilles de
        lavande*. E. ♄
    helianthemum, *hélianthê-
        me*. E. ♄
    — hirtusum, *velu*. E. ♄
    — majus, *grandes fleurs*.
        E. ♄
    angustifolius, *feuilles étroi-
        tes*. E. ♄
    lippii, *de Lippi*. E. ♄
    pilosus, *à deux sillons*. E. ♄
    apenninus, *de l'Apennin*.
        E. ♄
    roseus, *rose*. E. ♄
    rosmarinifolius, *feuilles de
        romarin*. E. ♄
    guttatus, *tacheté*. E. ♄
    ledifolius, *feuilles de ledum*.
        E. ♄
    nummularius, *feuilles de
        nummulaire*. E. ♄

marifolius, *feuilles de marum.* E. ♄
lævipes, *fasciculé.* Af. ♄
fumana. Af. ♄
fumanoïdes, *faux fumana.*
Af. ♄
halimifolius, *feuilles d'ha-
lime.* E. ♄
umbellatus, *en ombelle.* E. ♄
libanotis, *feuilles linéaires.*
E. ♄
monspeliensis, *de Montpellier.* E. ♄
laurifolius, *feuilles de laurier.* E. ♄
symphitifolius, *feuilles de
consoude.* E. ♄
populifolius, *feuilles de
peuplier.* E. ♄
albidus, *blanc.* E. ♄
salvifolius, *feuil. de sauge.*
E. ♄
villosus, *velu.* E. ♄
incanus, *blanchâtre.* E. ♄
crispus, *crépu.* E. ♄
purpureus, *pourpre.* E. ♄
ladaniferus, *ladanifère.*
E. ♄

ORDRE XVII.

Hyperica, *les Millepertuis.*

129. Hypericum, *Millepertuis.*
crispum, *crépu.* E. ♃
coris, *feuilles linéaires.*
E. ♄
nummularium, *feuilles de
nummulaire.* E. ♃
pulchrum, *feuilles lui-
santes.* E. ♃
elodes, *feuilles rondes.* E. ♃
tomentosum, *cotoneux.*
E. ♃
ægyptiacum, *d'Egypte.*
Af. ♃
humifusum, *couché.* E. ♃
calycinum, *grandes fleurs.*
As. ♄
montanum, *de montagne.*
E. ♃
virginianum, *de Virginie.*
Am. sept. ♄
hirsutum, *velu.* E. ♄

perforatum, *officinal.* E. ♃
quadrangulum, *quadran-
gulaire.* E. ♃
canariense, *des Canaries.*
Am. ♃
androsæmum, *androsème.*
E. ♄
hircinum, *fétide* E. ♄
frutescens, *arbrisseau.* E. ♄
ascyron, *grandes fleurs.* E. ♄
kalmianum, *de Kalm.* Am.
sept. ♄.
balearicum, *tuberculeux.*
E. ♄
marylandicum, *de Mary-
land.* Am. ♄
130. Ascyrum, *Ascyre.*
elodes, *des marais.* E. ♃

ORDRE VXIII.

Cariophylleæ, *les Cario-
phyllées.*

131. Ortegia, *Ortégie.*
hispanica, *d'Espagne* E. ♄
132. Lœfflingia, *Léflinge.*
hispanica, *d'Espagne.* E. ☉
133. Holosteum.
umbellatum, *ombellifère.*
E. ☉
cordatum, *en cœur.* Am.
mér. ♃
134. Polycarpon.
tetraphyllum, *à quatre
feuilles.* E. ☉
135. Mollugo, *Moluginc.*
verticillata, *verticillée.* E. ☉
136. Minuartia, *Minuart.*
dichotoma, *dichotome.* E. ☉
campestris. E. ☉
137. Bufonia, *Bufone.*
tenuifolia, *feuilles étroites.*
E. ☉
138. Sagina.
procumbens, *tombante.* E. ☉
erecta, *droite.* E. ☉
139. Velezia
rigida, *feuilles roides.* E. ☉
140. Alsine, *Morgeline.*
media. — E. ☉
mucronata, *aiguë.* E. ☉

141. Pharnaceum.
cerviana, *ombellifère.* E. ⊙
142. Polycarpæa.
. . . .
143. Mœrrhingia.
muscosa, *à tiges touffues.*
E. ⊙
144. Gypsophylla, *Gypsophile.*
repens, *rampante.* E. ♃
prostrata, *conchée.* E. ♃
viscosa, *visqueuse.* E. ♃
struthium, *arbrisseau.* E. ♄
altissima, *trois nervures.*
As. ♃
fastigiata, *feuilles charnues.*
E. ♃
perfoliata, *perfoliée.* E. ♃
paniculata, *paniculée.* E. ♃
muralis, *des murs.* E. ⊙
saxifraga, *écailleuse.* E. ♃
145. Saponaria, *Saponaire.*
officinalis, *officinale.* E. ♃
— hybrida, *hybride.* E.
ocymoïdes, *feuilles de basilic.* E. ♃
vaccaria, *pentagone.* E ⊙
orientalis, *d'Orient.* As. ⊙
lutea, *jaune.* E. ⊙
porrigens, *longs pédoncules.*
As. ⊙
146. Dianthus, *Œillet.*
barbatus, *de poète.* As. ♃
carthusianorum, *longues
barbes.* E. ♃
prolifer, *prolifère.* E. ⊙
armeria, *cilié.* E. ⊙
cariophyllus, *des jardins.*
E. ♃
versicolor, *mignardise.* E. ♃
deltoïdes, *deltoïde.* E. ♃
chinensis, *de Chine.* As. ⊙
superbus, *superbe.* E. ♂
pungens, *piquant.* E. ♃
arenarius, *des sables.* E. ♃
147. Arenaria, *Sablière.*
peplioïdes, *feuilles de peplis.* E. ♃
tetraquetra, *tetragone.* E. ♃
trinervia, *trois nervures.*
E. ⊙
balearica, *de Maho* n.. ⊙
ciliata, *ciliée.* E. ⊙

multicaulis, *tiges nom-
breuses.* E. ⊙
serpillifolia, *feuilles de serpolet.* E. ⊙
media, *membraneuse.* E. ⊙
rubra, *rouge.* E. ⊙
— maritima, *maritime.* E. ⊙
dianthoïdes, *fleur d'œillet.*
E. ♃
laricifolia, *feuilles de melèze.* E. ♃
striata, *striée.* E. ♃
fasciculata, *fasciculée.* E. ♂
tenuifolia, *feuilles étroites.*
E. ⊙
148. Stellaria, *Stellaire.*
montana, *de montagne.*
E. ♃
holostea, *lancéolée.* E. ♃
uliginosa, *des marais.* E. ♃
graminea, *feuilles de gra-
men.* E. ♃
nemorum, *feuilles en cœur.*
E. ♃
149. Silene, *Silène.*
gallica, *fruit droit.* E. ⊙
lusitanica, *fleurs crenelées.*
E. ⊙
quinquevulnera, *cinq ta-
ches.* E. ⊙
nocturna, *nocturne.* E. ⊙
anglica, *fleurs entières.* E. ⊙
nicensis, *de Nice.* E. ⊙
mutabilis, *fleurs chan-
geantes.* E. ⊙
nutans, *fleurs penchées.* E. ♃
ocymoides, *feuilles de basilic.* E. ♃
fruticosa, *arbrisseau.* E. ♄
amœna, *long calyce.* E. ♃
muscipula. E. ⊙
gigantea, *gigantesque.*
As. ♂
bupleuroïdes, *feuilles de
buplevrum.* As. ♃
conoïdea, *globuleux.* E. ⊙
conica, *fruits coniques.*
E. ⊙
pendula, *fruit pendant.* E. ⊙
behen. — As. ⊙
bellidifolia, *feuilles de paquerette.* E. ⊙
viridiflora, *fleurs vertes.* E. ♂

noctiflora, *fleur de nuit*. E. ⊙
atocion. As. ⊙
cretica, *de Crète*. E. ⊙
inaperta, *petites fleurs*. E. ⊙
polyphylla , *fleurs nom-
breuses*. E. ⊙
ægyptiaca , *d'Egypte*. Af ⊙
portensis, *feuilles linéaires*.
E. ⊙
armeria, *à bouquets*. E. ⊙
quadrifida, *à quatre dents*.
E. ⊙
rupestris, *des rochers*. E ⊙
saxifraga, *cassepierre*. E. ♃
bipartita, *bifide*. Af. ⊙
stricta, *serrée*. E. ⊙
acaulis, *sans tige*. E. ♃
vallesia, *du Valais*. E. ♃

150. Cucubalus, *Cucubale*.
bacciferus, *fruit mou*. E. ♃
behen, *blanc*. E. ♃
— maritimus , *maritime*.
E. ♃
— alpinus, *des Alpes*. E. ♃
littoreus, *des rivages*. E. ♂
viscosus, *visqueux*. E. ♂
italicus, *petites fleurs*. E. ♂
tartaricus, *tige simple*. As. ♂
sibiricus, *verticillé*. E. ♃
catholicus. — E. ♃
otites, *dioique*.
— minor, *nain*.

151. Cherleria, *Cherlère*.
Sedoïdes, *feuilles de sedum*.
E. ♃

152. Lychnis, *Lychnide*.
chalcedonica , *à bouquets*.
As. ♃
grandiflora, *grandes fleurs*.
E. ♃
flos cuculi , *lacinié*. E. ♃
viscaria, *visqueux*. E. ♃
dioïca, *dioïque*. E. ♃
alpina , *des Alpes*. E. ♃

153. Githago, *Nielle*.
segetum, *des bleds*. E. ⊙

154. Agrostema , *Coquelourde*.
flos jovis. — E. ⊙
coronaria, *des jardins*. E. ♂
cœli rosa , *rose*. E. ⊙

155. Cerastium , *Céraiste*.
perfoliatum, *perfoliée*. E. ⊙
semidecandrum, *cinq éta-
mines*. E. ⊙
dichotomum , *dichotome*.
E. ⊙
vulgatum , *commune*. E. ⊙
arvense, *des champs*. E. ♃
viscosum, *visqueuse*. E. ♃
alpinum, *des Alpes*. E. ♃
tomentosum , *cotoneuse*.
E. ♃
aquaticum , *aquatique*.
E. ♃

156. Spergula , *Espargoute*.
arvensis, *dix étamines*. E. ⊙
pentandra, *cinq étamines*.
E. ⊙

157. Linum , *Lin*.
usitatissimum , *commun*.
E. ⊙
narbonense , *de Narbonne*.
E. ♃
tenuifolium , *feuilles fines*.
E. ♃
alpinum, *des Alpes*. E. ♃
austriacum , *d'Autriche*.
E. ⊙
strictum, *fasciculé*. E. ⊙
suffruticosum, *sous arbrisseau*. E. ♄
perenne , *vivace*. E. ♃
campanulatum , *campani-
forme*. E. ⊙
catharticum, *cathartique*.
E ⊙
rhadiola. E. ⊙

Cette Classe contient 157 genres qui
comprennent 860 espèces.

CLASSE QUATORZIÈME.

DICOTYLEDONES POLYPETALES,
Etamines périgynes.

ORDRE I.er

Semperviva, *les Joubarbes.*

1. **Tillæa**, *Tillée.*
aquatica, *aquatique.* E. ☉
muscosa, *trois pétales.* E. ♃

2. **Crassula**, *Crassule.*
glomerata, *à globules.* Af. ☉
imbricata, *imbriquée.* Af. ♄
coccinea, *pourpre.* Af. ♄
perfoliata, *perfoliée.* Af. ♄
tetragona, *tetragone.* Af. ♄
acutifolia, *feuilles aigues.* Af. ♃
cultrata, *feuilles obliques.* Af. ♄
punctata, *ponctuée.* Af. ♄
nudicaulis, *tige nue.* Af. ♄
perfossa, *enfilée,* Af. ♄
lucida, *luisante.* Af. ♄
cotyledon. Af. ♄

3. **Cotyledon**, *Cotylet.*
lanceolata, *lancéolé.* Af. ♄
orbicularis, *orbiculaire.* Af. ♄
portulacca, *feuilles de pourpier.* Af. ♄
spuria, *hybride.* Af. ♄
laciniata, *laciniée.* Af. ♄
hemisphærica, *hémisphérique* Af. ♄
serrata, *feuilles en scie.* Af. ♄
umbilicus, *nombril de Vénus.* E. ♃
tuberosa, *tubéreux.* E. ♃

4. **Rhodiola.**
rosea, *odorant.* E. ♃

5. **Sedum**, *Vermiculaire.*
telephium, *orpin.* E. ♃
lusitanicum, *de Portugal.* E. ♃
— maximum, *orpin à grandes feuilles.* E. ♃

— portulacoïdes, *feuilles de pourpier.* E. ♃
anacampseros. E. ♃
— longifolius, *longues feuil.* E. ♃
aizoon, *lancéolée.* As. ♃
stellatum, *étoilée* E. ♃
cepæa, *paniculée.* As. ☉
dioïcum, *dioïque.* Am. sept. ♃
hybridum, *hybride.* Af. ♃
populifolium, *à feuilles de peuplier.* ♃
reflexum, *réfléchie.* E. ♃
rupestre, *des rochers.* E. ♃
dazipbyllum, *glauque.* E. ♃
album, *blanche.* E. ♃
acre, *brûlante.* E. ♃
rubens, *rouge.* E. ♃
hexangulare, *hexagone.* E. ♃

6. **Sempervivum**, *Joubarbe.*
arboreum, *en arbre.* E. ♄
canariense, *des Canaries.* Am. ♃
tectorum, *des toits.* E. ♃
globiferum, *globuleuse.* E. ♃
montanum, *des montagnes.* E. ♃
arachnoïdeum, *filamenteuse.* E. ♃
sediforme, *feuilles de sedum.* E. ♃

7. **Forskalea**, *Forskale.*
tenacissima, *feuilles ovoïdes.* Af. ♃
angustifolia, *lancéolé.* Af. ☉

8. **Tetragonia.**
fruticosa, *arbrisseau.* Af. ♄
erecta, *officinale.* E. ♃
herbacea, *herbacée.* As. ♃
cornuta, *cornue.* As. ☉
cristallina, *cristalline.* Af. ☉

9. **Aizoon**, *Lanquette.*
canariense, *des Canaries.* Am. ☉

hispanicum , *lancéolé.*

10. Mesembrianthemum , *Ficoïde.*

nodiflorum , *gazoul.* Af. ⊙
cristallinum , *cristallin.* Af. ⊙
geniculiflorum , *nodiflore.*
Af. ♄
noctiflorum , *de nuit.* Af. ♄
expansum , *étalé.* Af. ♄
pinnatifidum , *pinnatifide.*
Af. ⊙
cordifolium , *en cœur.* Am. ♃
calamiforme , *doigt d'enfant.*
Af. ♄
bellidiflorum , *fleur de paquerette.* Af. ♄
deltoïde , *deltoïde.* Af. ♄
barbatum , *barbu.* Af. ♄
— humile , *nain.* Af. ♄
hispidum , *hispide.* Af. ♄
echinatum , *hérissé.* Af. ♄
falciforme , *falciforme.* Af. ♄
spinosum , *épineux.* Af. ♄
uncinatum , *unciforme.* Af. ♄
— majus. Af. ♄
tuberosum , *tubéreux.* Af. ♄
stipulaceum , *à stipules.* Af. ♄
crassifolium , *feuil. épaisses.*
Af. ♄
glomeratum , *globuleux.* Af. ♄
filamentosum , *filamenteux.*
Af. ♄
acinaciforme , *sabre.* Af. ♄
edule , *comestible.* Af. ♄
bicolorum , *de deux cou-
leurs.* Af. ♄
micans , *argenté.* Af. ♄
glaucum , *glauque.* Af. ♄
corniculatum , *cornu.* Af. ♃
verruculatum , *tuberculeux.*
Af. ♄
— minus. Af. ♄
violaceum , *violet.* Af. ♄
ringens , *dent de chien.* Af. ♄
dolabriforme , *en hache.* Af. ♄
circinnata. — Af. ♄.
linguiforme , *linguiforme.*
Af. ♄
— pedunculatum , *pédon-
culé.* Af. ♄
pugioniforme , *en poignard.*
Af. ♄
rostratum , *bec de grue.*

11. Penthorum.
sedoïdes , *feuilles étroites.*
Am. sept. ♃

Ordre II.

Saxifragæ, *les Saxifrages.*

12. Heuchera , *Heuchère.*
americana , *d'Amérique.*
Am. ♃
13. Saxifraga , *Saxifrage.*
pyramidalis , *pyramidal.* E.
♃
cotyledon. E. ♃
— angustifolia , *feuil. étroites.*
E. ♃
— pyrenaïca , *des Pyrénées.*
E. ♃
pensylvanica , *de Pensylvanie.* Am. ♃
stellaris , *étoilé.*
crassifolia , *feuil. épaisses.* ♃
hirsuta , *ciliée.* E. ♃
tridactylites , *trois pointes.*
E. ♃
rotundifolia , *feuilles rondes.*
E. ♃
aspera , *hérissée.* E. ♃
granulata , *grumeleuse.* E. ♃
autumnalis , *d'automne.* E. ♃
petræa , *des rochers.* E. ♃
hypnoïdes , *hypnoïde.* E. ♃
cuneifolia , *cunéiforme.* E. ♃
quinquefida , *cinq lobes.* E. ♃
sarmentosa , *sarmenteuse.*
E. ♃
14. Tiarella.
cordifolia , *feuilles en cœur.*
Am. sept. ♃
15. Mitella , *Mitelle.*
diphylla , *deux feuilles.* Am.
sept. ♃
nuda , *tiges nues.* As. ♃
16. Chrysosplenium , *Dorine.*
alternifolium , *feuilles alternes.* ♃
oppositifolium , *feuilles opposées.* E. ♃
17. Hydrangæa , *Hydrangelle.*
glauca , *glauque.* Am. ♃
arborescens , *arbrisseau.* Am.
♄

ORDRE III.

Cacti, *les Cierges.*

18. Ribes, *Groseiller.*
rubrum, *commun.* E. ♄
— variegatum, *panaché.* E.
♄
nigrum, *cassis.* E. ♄
prostratum, *couché.* E. ♄
alpinum, *dioïque.* E. ♄
peusylvanicum, *de Pensyl-*
vanie. Am. ♄
cynosbati, *fruit épineux.*
Am. sept. ♄
diacantha, *deux épines.* E. ♄
grossularia, *fruit velu.* E. ♄
uva crispa, *à maquereau.*
E. ♄
— rubrum, *rouge.* E. ♄

19. Cactus, *Cactier.*
pereskia, *groseiller.* Am. mér.
♄
parasiticus, *parasite.* Am. ♄
cylindricus, *cylindrique.* Am.
mér. ♄
curassavicus, *de Curassao.*
Am. ♄
humilis, *nain.* Am. ♄
ficus indica, *figuier d'Inde.*
E. ♄
opuntia, *raquette.* Am. ♄
tuna, *nopal.* Am. ♄
— albicans, *épines blanches.*
Am. ♄
— flavicans, *épines jaunes.*
Am. ♄
spinosissimus, *très-épineux.*
Am. ♄
melocactus, *melon épineux.*
Am. mér. ♄
mamillaris, *mamelonné.* Am.
mér. ♄
minor. — Am. mér. ♄
peruvianus, *du Pérou.* Am. ♄
tetragona, *tetragone.* Am.
mér. ♄
heptagonus, *heptagone.* Am.
♄
repandus, *ondé.* Am. mér. ♄
royeni, *cotoneux.* Am. ♄
lanuginosus, *laineux.* Am.
mér. ♄

grandiflorus, *grandes fleurs.*
Am. mér. ♄
flagelliformis, *serpentin* Am.
mér. ♄
triangularis, *triangulaire.*
Am. mér. ♄
esculentus, *comestible.* Am.
♄
phyllanthus, *feuilles de sco-*
lopendre. Am. mér. ♄

ORDRE IV.

Portulaceæ, *les Pourpiers.*

20. Nitraria, *Nitraire.*
scoberi, *feuilles entières.* As.
♄
tridentata, *trois dents.* As. ♄

21. Portulacca, *Pourpier.*
pilosa, *soyeux.* Am. mér. ☉
quadrifida, *quadrifide.* Af. ☉
oleracea, *cultivé.* E. ☉
— sativa, *doré.* E. ☉
anacampseros, *orpin.* Af. ♄
racemosa, *à grappes.*

22. Claytonia, *Claytone.*
portulaccaria, *à feuilles de*
pourpier. Af. ♄

23. Trianthema.
monogyna, *un style.* Am.
mér. ☉

24. Montia, *Montie.*
fontana, *aquatique.* E. ☉

25. Lopezia, *Lopèze.*
racemosa, *à grappes.* Am.
mér. ☉

ORDRE V.

Onagræ, *les Onagres.*

26. Circæa, *Circée.*
lutetiana, *feuilles ovales.* E.
♃
alpina, *feuilles en cœur.* E. ♃

27. Gaura.
biennis, *bisannuelle.* Am. ♂
mutabilis, *fleurs changean-*
tes. Am. mér. ♂

28. Œnothera, *Onagre.*
biennis, *bisannuelle.* Am. ♂

parviflora , *petites fleurs.*
Am. sept. ♂
longiflora , *longues fleurs.*
Am. sept. ♂
muricata, *tuberculeuse.* Am.
sept. ♂
tetragona, *tetragone* ♂
sinuata, *sinuée.* Am. sept. ♂
mollissima , *soyeuse.* Am.
sept. ♂
rosea, *rose.* Am. sept. ♂
pumila, *naine.* Am. sept. ♂
incana, *blanche.* Am. ○

29. Cercodea, *Cercodée.*
erecta, *droite.*

30. Epilobium , *Epilobe.*
angustifolium, *feuilles étroites.* E. ♃
antonianum , *lys de St. An-
toine.* E. ♃
montanum , *des montagnes.*
E. ♃
hirsutum, *velu.* E. ♃
latifolium , *larges feuilles.*
E. ♃
palustre, *des marais.* E. ♃
tetragonum, *tétragone.* E. ♃
alpinum, *des Alpes.* E. ♃
aquaticum, *aquatique.* E. ♃

31. Jussiæa, *Jussie.*
erecta, *droite.* Am. ○

ORDRE VI.

Myrthi, *les Myrthes.*

32. Philadelphus, *Syringa.*
coronarius, *des jardins.* E. ♄
nana , *nain.* E. ♄
inodorus, *inodore.* Am. sept.
♄
aromaticus , *aromatique.*
Am. ♄
33. Punica, *Grenadier.*
granatum, *cultivé.* E. ♄
nana, *nain.* E. ♄
33. Lagrestrœmia , *Lagers-
trome.*
indica, *des Indes.* As. ♄
34. Psydium, *Goyavier.*
pyriferum, *poire.* Am. ♄

35. Myrthus, *Myrthe.*
communis, *commun.* E. ♄
— bœtica, *d'Andalousie.* E.
♄
— belgica , *moyen.* E. ♄
pimento, *toute épice.* Am. ♄
zuzigium , *feuilles larges.*
Am. mér. ♄
36. Eugenia, *Jambosier.*
uniflora , *une fleur.* As. ♄
jambos. As. ♄
37. Cariophyllus, *Giroflier.*
aromaticus , *des Moluques.*
A s. ♄
38. Isnardia.
palustris, *des marais.* E. ○

ORDRE VII.

Salicariæ, *les Salicaires.*

39. Glaux, *Glauce.*
maritima, *maritime.* E. ♃
40. Peplis.
portula, *feuilles de pourpier.*
E. ○
41. Lythrum , *Salicaire.*
salicaria , *officinale.* E. ♃
virgatum , *effilée.* As. ♄
hyssopifolium, *feuil. d'hyssope.* E. ○
42. Cuphea.
viscosa, *visqueux.* Am. ♃

ORDRE VIII.

Rosaceæ, *les Rosacées.*

43. Agrimonia, *Aigremoine.*
eupatoria, *officinale.* E. ♃
— alba , *blanche.* E. ♃
repens, *rampante.* E. ♃
odorata, *odorante.* E. ♃
agrimonoïdes, *feuil. ternées.*
E. ♃
44. Sibbaldia.
procumbens, *couchée.* E. ♃
45. Tormentilla, *Tormentille.*
erecta, *droite.* E. ♃
46. Potentilla, *Potentille.*
fruticosa, *ligneuse.* E. ♄
anserina, *satinée.* E. ♃

multifida, *découpée*. As. ♃
bifurca, *bifurquée*. As. ♃
rupestris, *des rochers*. E. ♃
pensylvanica, *de Pensylvanie*. Am. ♃
supina, *couchée*. E. ☉
alba, *blanche*. E. ♃
intermedia. — E. ♃
hirta, *velue*. E. ♃
recta, *droite*. E. ♃
argentea, *argentée*. E. ♃
verna, *printanière*. E. ♃
reptans, *rampante*. E. ♃
aurea, *dorée*. E. ♃
racemosa, *à grappes*. Af. ♃
norvegica, *de Norvège*. E. ☉
monspeliensis, *de Montpellier*. E. ☉
grandiflora, *grande fleur*. E. ♃
fragariastrum, *faux fraisier*. E. ♃

47. **Fragaria**, *Fraisier*.
vulgaris, *des bois*. E. ♃
— semperflorens, *des Alpes*. E. ♃
moschata, *capron*. E. ♃
monophylla, *à une feuille*. E. ♃
compressa, *vineux*. E. ♃
abortiva, *coucou*. E. ♃
nigra, *noir*. E. ♃
viridis, *verd*. E. ♃
humillima, *nain*. E. ♃
moschata crispa, *capron crépu*. E. ♃
pensylvanica, *de Pensylvanie*. Am. sept. ♃
coccinea, *écarlate*. Am. ♃
caroliniana, *de Caroline*. Am. ♃
hermaphrodita, *hermaphrodite*. Am. ♃
hybrida, *jumar*. E. ♃

48. **Comarum.**
palustre, *des marais*. E. ♃

49. **Geum**, *Benoite*.
urbanum, *officinale*. E. ♃
montanum, *de montagne*. E. ♃
canadense, *de Canada*. Am. ♃
virginianum, *de Virginie*. Am. ♃

50. **Dryas**, *Dryade*.
octopetala, *huit pétales*. E. ♃
pentapetala, *cinq pétales*. As. ♃

51. **Spiræa**, *Ulmaire*.
ulmaria, *reine des prés*. E. ♃
lobata, *feuilles lobées*. Am. ♃
trifoliata, *trois feuilles*.
filipendula, *filipendule*. E. ♃
aruncus, *à épis*. ♃
salicifolia, *à feuil. de saule*. As. ♄
lævigata, *à feuilles lisses*. As. ♄
tomentosa, *tomenteuse*. As. ♄
hypericifolia, *feuil. de millepertuis*. ♃
crenata, *crenelée*. As. ♄
opulifolia, *feuilles d'aubier*. Am. sept. ♃
sorbifolia, *feuilles de sorbier*. ♄

52. **Rubus**, *Ronce*.
idæus, *framboisier*. ♄
occidentalis, *tige glauque*. ♄
inermis, *sans épines*. ♄
vulpinus, *feuilles aiguës*. Am. sept. ♄
fruticosus, *des haies*. E. ♄
— albus, *blanc*. E. ♄
laciniatus, *lacinié*. E. ♄
frutico - tomentosus, *cotoneux*. E. ♄
cæsius, *fruit bleuâtre*. E. ♄
odoratus, *du Canada*. Am. ♄

53. **Rosa**, *Rosier*.
rubiginosa, *églantier odorant*. E. ♄
burgundiaca, *de Bourgogne*. E. ♄
——— *de Champagne*. E. ♄
eglanteria, *jaune*. E. ♄
cinnamomea, *canelle*. ♄
arvensis, *des champs*. E. ♄
spinosissima, *très - épineux*. E. ♄
pimpinellifolia, *feuilles de pimprenelle*. E. ♄
carolina, *de la Caroline*. Am. ♄
villosa, *velue*. ♄
francofurtensis, *à gros cul*. ♄

sinica, *de Chine.* As. ♄
balearica, *de Mahon.* E. ♄
sempervirens, *toujours vert.*
   E. ♄
glauca, *glauque.* Am. ♄
centifolia, *à cent feuil.* E. ♄
muscosa, *mousseux.* E. ♄
semperflorens, *de tous les*
   mois. E. ♄
maxima, *de Hollande.* E. ♄
versicolor, *panaché.* E. ♄
alpina, *des Alpes.* E. ♄
canina, *de chien.* E. ♄
gallica, *de Provins.* E. ♄
alba, *blanc.* E. ♄
pendulina, *à fruit pendant.*
   E. ♃
moschata, *musqué.* As. ♄

54. Crathegus, *Alisier.*
dentata, *de Fontainebleau.*
   E. ♄
aria, *allouchier.* E. ♄
longifolia, *à longues feuilles.*
   E. ♄
chamæmespylus, *du Mont-*
   d'Or. E. ♄
torminalis, *commun.* E. ♄
arbutifolia, *feuilles d'arbou-*
   sier. E. ♄
——amelanchier. E. ♄
racemosa, *à grappes.* Am.
   sept. ♄
—longifolia, *à longues feuil.*
   Am. sept. ♄

55. Mespylus, *Epine.*
oxyacantha, *aubépine.* E. ♄
—flore pleno, *fleur double.*
   E. ♄
rubra, *fleur rouge.* E. ♄
azarolus, *azerole.* E. ♄
aronia, *azerolier d'Italie.*
   E. ♄
mauroceana, *de Maroc.* Af. ♄
tanacetifolia, *feuilles de ta-*
   naisie. ♄
axillaris, *pinchaw.* Am. ♄
corallina, *petit fruit.* Am.
   sept. ♄
coccinea, *écarlate.* Am. ♄
pyrifolia, *feuilles de poirier.*
   Am. sept. ♄
latifolia, *larges feuilles.* Am.
   sept. ♄

pyracantha, *buisson ardent.*
   E. ♄
germanica, *néflier.* E. ♄
carolina, *de Caroline.* Am. ♄
linearis, *feuilles linéaires.*
   As. ♄
prunifolia, *feuilles de pru-*
   nier. Am. sept. ♄
crus galli, *luisante.* Am.
   sept. ♄
cotoneaster. E. ♄
trifida, *trois lobes.* Af. ♄

56. Sorbus, *Sorbier.*
aucuparia, *des oiseleurs.* E. ♄
hybrida, *hybride* E. ♄
domestica, *cormier.* E. ♄

57. Pyrus, *Poirier.*
polverina, *cotoneux.* E. ♄
sylvestris, *sauvage.* E. ♄
communis, *cultivé.* E. ♄
pompeiana, *bon chrétien*
   d'hiver. E. ♄
baccata, *à baies.* E. ♄
salicifolia, *à feuil. de saule.*
   As. ♄
rutescens, *rousselet* E. ♄
liquescens, *beuré.* E. ♄

58. Malus, *Pommier.*
sylvestris, *sauvage.* E. ♄
prasomilla, *reinette blanche.*
   E. ♄
calvillea, *calville.* E. ♄
coronaria, *odorant.* Am.
   sept. ♄
sempervirens, *toujours vert.*
   E. ♄
hybrida, *hybride.* E. ♄

59. Cydonia, *Coignassier.*
lusitanica, *de Portugal.* E. ♄

60. Amygdalus, *Amandier.*
persica, *pêcher.* As. ♄
amara, *amèr.* E. ♄
communis, *cultivé.* As. ♄
orientalis, *satiné.* As. ♄
nana, *nain.* As. ♄

61. Cerasus, *Cerisier.*
americana, *amandé.* Am. ♄
lauro-cerasus, *laurier cerise.*
   E. ♄
lusitanica, *azaréro.* E. ♄
padus, *à grappes.* E. ♄
—nigra, *noir.* E. ♄

virginiana , *de Virginie.* Am. ♄

canadensis , *ragouminier.* Am. sept. ♄.

mahaleb. E. ♄

vulgaris, *commun.* E. ♄

sylvestris, *sauvage.* E. ♄

— dulcis, *doux.* E. ♄

— persicifolia, *feuilles de pê-cher.* E. ♄

— bigarella, *bigarottier.* E. ♄

— pumila, *nain.* E. ♄

— caproniana, *aigre.* E. ♄

— avium, *à trochets.* E. ♄

— polygama , *à bouquets.* E. ♄

— duracna, *gros gobets.* E. ♄

— juliana, *guignier.* E. ♄

— austera, *griottier.* E. ♄

62. Prunus, *Prunier.*

sinensis, *de Chine.* As. ♄

sylvestris, *prunellier.* E. ♄

insititia, *sauvageon.* E. ♄

— amygdalina , *rognon de coq.* E. ♄

domestica abortiva , *sans noyau.* E. ♄

— cerea , *Sainte - Catherine.* E. ♄

— cereola , *mirabelle.* E. ♄

— mirobolana , *mirobolan.* E. ♄

— acinaria, *cerisette.* E. ♄

— damascena, *de damas.* E. ♄

— hungarica, *noir hâtif.* E. ♄

compressa, *reine claude.* E. ♄

armeniaca , *abricotier.* As. ♄

— nigra, *noir.* As. ♄

— dulcis, *alberge.* As. ♄

ORDRE IX.

Rhamni, *les Nerpruns.*

63. Rhamnus, *Nerprun.*

catharticus, *purgatif.* E. ♄

insectorius , *graine d'Avi-gnon.* E. ♄

lycioïdes, *feuilles de jasmi-noïde.* E. ♄

linearis , *feuilles linéaires.* E. ♄

erythroxilum, *feuilles lon-gues.* E. ♄

frangula, *bourgène.* E ♄

burgundiaca, *hybride.* E. ♄

alpinus, *des Alpes.* E. ♄

pumilus, *nain.* E. ♄

saxatilis, *des rochers.* E. ♄

alaternus, *alaterne.* E. ♄

balearicus, *de Mahon.* E. ♄

64. Paliurus, *Paliure.*

spinosus, *épineux.* E. ♄

inermis, *sans épines.* E. ♄

65. Ziziphus, *Jujubier.*

sylvestris, *sauvage.* E. ♄

sinensis, *de Chine.* As. ♄

ignamus , *croc de chien.* Am. ♄

sativus, *cultivé.* E. ♄

lotus. — Af. ♄

lineatus, *liane rouge.* Am. ♄

colubrinus , *ferrugineux.* Am. mér. ♄

peruvianus , *du Pérou.* Am. ♄

66. Phylica.

rosmarinifolia , *feuilles de romarin.* Am. ♄

plumosa, *plumeuse.* As. ♄

ericoïdes, *feuilles de bruyère.* Af. ♄

buxifolia, *feuilles de buis.* Af. ♄

67. Ceanothus, *Ceanothe.*

africanus, *d'Afrique.* Af. ♄

americanus , *d'Amérique.* Am. ♄

68. Gouania, *Gouane.*

dominginsis, *de Saint-Do-mingue.* Am. ♄

mauritiana , *de l'Ile de France.* Af. ♄

69. Celastrus, *Celastre.*

scandens, *grimpant.* Am. ♄

buxifolius, *feuilles de buis.* Af. ♄

senegalensis , *du Sénégal.* As. ♄

hispanicus, *d'Espagne.* E. ♄

pyracantha , *faux buisson ardent.* Af. ♄

70. Evonymus, *Fusain.*

europæus, *d'Europe.* E. ♄

— variegatus, *panaché.* E. ♄

— albus, *fruit blanc.* E. ♄

latifolius, *larges feuilles.* E. ♄
atropurpureus, *noir pourpre.*
   Am. ♄
americanus , *d'Amérique.*
   Am. sept. ♄
verrucosus, *galeux.* Am. ♄

71. Staphylea, *Staphylin.*
pinnata, *plumé.* B. ♄
trifoliata , *feuilles ternées.*
   Am. ♄

72. Cassine.
capensis, *du Cap.* Af. ♄
maurocenia , *feuilles con-*
   vexes. Af. ♄

73. Euclea, *Euclée.*
racemosa , *à grappes.* Af. ♄

74. Ilex, *Houx.*
aquifolium , *épineux.* E. ♄
— variegatum , *panaché.*
   E. ♄
— echinatum, *hérisson.* E. ♄
maderiensis, *de Madère.* ♄
balcarica, *de Minorque.* E. ♄
cassine. — Am. sept. ♄
— angustifolia, *feuil. étroi-*
   tes. Am. sept. ♄
æstivalis, *d'été.* E. ♄

75. Prinos, *Apalanche.*

. . . .

ORDRE X.

Leguminosæ, *les Legumi-*
neuses.

76. Ceratonia , *Caroubier.*
siliqua, *commun.* E. ♄

77. Tamarindus , *Tamarinier.*
indica, *officinal.* As. ♄

78. Gleditzia , *Févier.*
triacanthos , *trois pointes.*
   Am. ♄
inermis, *sans épines.* Am. ♄
sinensis, *de Chine.* As. ♄
monosperma , *monosperme.*
   As. ♄

79. Mimosa, *Acacie.*
angustisiliqua , *à siliques*
   étroites. Am. ♄
leucocephala , *fleurs blan-*
   ches. Am. ♄
arborea , *en arbre.* Af. ♄
scandens, *grimpante.* Am. ♄

lebbeck. — Af. ♄
glauca , *glauque.* Am. ♄
cinerea , *cendrée.* As. ♄
cornigera , *grosses épines.*
   Am. ♄
eburnea , *épines blanches.*
   As. ♄
ægyptica, *d'Egypte.* Af. ♄
strumbutifera, *tire-bouchon.*
   Am. mér. ♄
farnesiana, *de Farnèse.* As. ♄
indica , *des Indes.* As. ♄
nilotica , *du Nil.* Af. ♄
circinalis , *à brasselets.* Am.
   mér. ♄
intsia. Af. ♄
pudica, *sensitive.* Am. ♂

80. Hœmatoxilum , *Campéche.*
campechianum, *des teintu-*
   riers. Am. ♄

81. Guillandina , *Bonduc.*
bonduc. As. ♄
dioica , *dioïque.* Am. ♄
moringa. Af. ♄
syriaca , *de Syrie.* As. ♄

82. Poincinia , *Poincillade.*
pulcherrima , *élégante.*
   Am. ♄

83. Cœsalpina , *Bresillet.*
crista, *cinq étamines.* Am. ♄

84. Cassia, *Casse.*
tora, *du Malabar.* As. ☉
bicapsularis , *bicapsulaire.*
   As. ♄
corymbosa , *à corymbes.*
   Am. ♄
obtusifolia, *feuilles obtuses.*
   As. ♄
falcata, *falciforme.* Am. ☉
occidentalis, *puante.* Am. ♄
planisiliqua, *gousses planes.*
   Am. ♄
fistula, *des boutiques.* As. ♄
senna , *sené.* Af. ♄
alata , *ailée.* Af. ♄
tomentosa, *cotoneuse.* Am. ♄
longisiliqua, *longues gousses.*
   Am. ♄
glandulosa, *glanduleuse.* Am.
   mér. ☉
marylandica, *de Maryland.*
   Am. sept. ♄

85. Parkinsonia, *Parkinset.*
aculeata, *épineuse.* Am. ♄
86. Spaëndoncea.
tamarindifolia, *feuilles de tamarin.* Af. ♄
87. Sophora.
alopecuroïdes, *fruit long.* As. ♄
flavescens, *jaune.* As. ♄
tomentosa, *cotoneux.* Am. ♄
lupinoïdes, *feuilles de lupin.* As. ♄
japonica, *du japon.* As. ♄
alba, *blanc.* Am. ♄
biflora, *deux fleurs.* As. ♄
microphylla, *petites feuilles.* As. ♄
tetraptera, *à quatre ailes.* As. ♄
88. Hymœnea, *Courbaril.*
courbaril. — Am. ♄
89. Bauhinia, *Bauhine.*
acuminata, *feuilles aiguës.* As. ♄
divarigata, *divergente.* Am. mér. ♄
90. Cercis, *Gaînier.*
siliquastrum, *arbre de Judée.* E. ♄
canadensis, *de Canada.* Am. ♄
91. Anagyris, *Anagyre.*
fœtida, *fétide.* E. ♄
92. Ulex, *Ajonc.*
europæus, *d'Europe.* E. ♄
93. Genista, *Genêt.*
hispanica, *soyeux.* E. ♄
montana, *des montagnes.* E. ♄
germanica, *d'Allemagne.* E. ♄
anglica, *d'Angleterre.* E. ♄
sagittalis, *ailé.* E. ♄
canariensis, *des Canaries.* Am. ♄
candicans, *blanchâtre.* E. ♄
linifolia, *feuilles de lin.* E. ♄
pilosa, *velu.* E. ♄
tinctoria, *des teinturiers.* E. ♄
sibirica, *de Sibérie.* E. ♄

94. Spartium.
junceum, *genêt d'Espagne.* E. ♄
sphærocarpon, *fruit rond.* E. ♄
monospermum, *monosperme.* E. ♄
lusitanicum, *de Portugal.* E. ♄
multicaule, *rude.* E. ♄
supranubium, *de Téneriffe.* Af. ♄
purgans, *purgatif.* E. ♄
scoparium, *à balais.* E. ♄
aspalatoïdes, *faux aspalat.* As. ♄
creticum, *de Crète.* E. ♄
spinosum, *épineux.* E. ♄
scorpius, *hérissé.* E. ♄
radiatum, *rayonné.* E. ♄
95. Cytisus, *Cytise.*
sessilifolius, *feuilles sessiles.* E. ♄
nigricans, *noir.* E. ♄
laburnum, *des Alpes.* E. ♄
— latifolius, *à larges feuilles.* E. ♄
cajan, *cotoneux.* Am. ♄
biflorus, *deux fleurs.* (*L'hérit.*) ♄
hirsutus, *velu.* E. ♄
supinus, *couché.* E. ♄
argenteus, *argenté.* E. ♄
austriacus, *d'Autriche.* E. ♄
96. Ononis, *Bugrane.*
antiquorum, *des Anciens.* E. ♃
repens, *rampante.* E. ♃
cherleri. — E. ♃
arvensis, *arrête-bœuf.* E. ♃
columnea. — E. ♃
viscosa, *visqueuse.* E. ☉
pinguis, *glutineuse.* E. ♃
mitissima. — E. ♃
minutissima, *très-petite.* E. ☉
natrix. E. ♄
alopecuroïdes, *queue de renard.* E. ☉
ornithopodioïdes, *pied d'oiseau.* E. ☉
tridentata, *à trois dents.* E. ♄
fruticosa, *arbrisseau.* E. ♄
altissima, *très-élevée.* E. ♄

cenisia, *du Mont-Cénis.* E. ♃
crispa, *crépue.* E. ♃
rotundifolia, *feuilles rondes.* E. ♄

97. Crotalaria, *Crotalaire.*
sagittalis, *ailée.* Am. ☉
juncea, *effilée.* As. ☉
arborescens, *en arbre.* Af. ♄
incana, *blanchâtre.* Am. ☉
purpurascens, *purpurine.* Af. ☉

98. Ebenus.
cretica, *de Crète.* E. ♄

99. Anthyllis, *Anthyllide.*
barba jovis, *argentée.* E. ♄
cytisoïdes, *feuilles de cytise.* E. ♄
hermanniæ, *de Crète.* E. ♄
erinacea, *épineuse.* E. ♄
cornicina, *d'Espagne.* E. ☉
montana, *des montagnes.* E. ☉
tetraphylla, *à quatre feuil.* E. ☉
vulneraria, *vulnéraire.* E. ♃
— purpurascens, *pourpre.* E. ♃

100. Melilotus, *Melilot.*
cœrulea, *baumier.* E. ☉
indica, *des Indes.* As. ☉
— minor. — As. ☉
officinalis, *officinal.* E. ♂
alba, *blanc.* E. ♂
polonica, *de Pologne.* E. ☉
italica, *d'Italie.* E. ☉
cretica, *de Crète.* E. ☉
messanensis, *striée.* E. ☉

101. Trifolium, *Trèfle.*
alpinum, *des Alpes.* E. ♃
repens, *rampant.* E. ♃
— luxurians, *à quatre feuil.* E. ♃
hybridum, *hybride.* E. ♃
pratense, *des prés.* E. ♃
rubens, *rouge.* E. ♃
squarrosum, *hérissé.* E. ♂
lappaceum. — E. ☉
ochroleucum, *jaunâtre.* E. ♃
incarnatum, *incarnat.* E. ♃
angustifolium, *feuil. étroites.* E. ☉
arvense, *des champs.* E. ☉

lupinaster, *feuilles de lupin.* As. ♃
subterraneum, *enterré.* E. ♃
stellatum, *étoilé.* E. ♃
clypeatum, *en bouclier.* As. ☉
striatum, *strié.* E. ☉
sessiliflorum, *fleurs sessiles.* E. ☉
glomeratum, *globuleux.* E. ☉
scabrum, *rude.* E. ☉
resupinatum, *renversé.* E. ☉
agrarium, *doré.* E. ☉
fragiforum, *fraise.* E. ♃
tomentosum, *cotoneux.* E. ♃
spadiceum, *brun.* E. ♃
procumbens, *couché.* E. ♃
montanum, *de montagne.* E. ♃

102. Psoralea,
pinnata, *feuilles plumées.* Af. ♄
bituminosa, *bitumineuse.* E. ♄
palestina, *de Palestine.* As. ♄
americana, *d'Amérique.* Am. ♄
glandulosa, *glanduleuse.* Am. ♄
corylifolia, *feuilles de noisetier.* As. ☉
aculeata, *épineuse.* Am. mér. ♄

103. Dalea.
alba, *blanc.* ♃

104. Medicago, *Luserne.*
arborea, *arbrisseau.* E. ♄
radiata, *radiée.* E. ☉
circinnata, *feuilles d'anthyllis.* E. ☉
sativa, *cultivée.* E. ♃
falcata, *falciforme.* E. ♃
lupulina, *lupuline.* E. ♂
marina, *maritime.* E. ♃
orbicularis, *orbiculaire.* E. ☉
elegans, *élégante.* E. ☉
scutellata, *limaçon.* E. ☉
tornata, *barillet.* E. ☉
— minor, *petit barillet.* E. ☉

minima hirsuta, *velue*. E. ⊙
coronata, *à bouquets*. E. ⊙
catalonica, *de Catalogne.*
E. ⊙
tribuloïdes, *fruits de tribu-*
lus. E. ⊙
prostrata, *couchée*. E. ♃
iutertexta, *hérisson*. E. ⊙
arabica, *feuil. en cœur*. E. ⊙
ciliaris, *ciliée*. E. ⊙
crenata, *crenelée*. E. ⊙
rigidula, *rude*. E. ⊙
minima, *petits fruits*. E. ⊙
muricata, *hérissée*. E. ⊙
laciniata, *laciniée*. E. ⊙
nigra, *noire*. E. ⊙
compressa, *comprimée*. E. ⊙
spinosa, *épineuse*. E. ⊙

105. Lotus, *Lotier.*
edulis, *comestible*. E. ⊙
siliquosus, *des prés*. E. ♃
maritimus, *maritime*. E. ♃
tetragonalobus, *rouge*. E. ⊙
conjugatus. E. ⊙
oligoceratos. — As. ⊙
peregrinus, *étranger*. E. ⊙
arabicus, *d'Arabie*. Af. ⊙
ornithopodioïdes, *pied d'oi-*
seau. E. ⊙
jacobæus, *fleurs brunes*. Af.
♃
creticus, *de Crète*. E. ♄
hirsutus, *velu*. E. ♄
rectus, *tige droite*. E. ♄
corniculatus, *cornu*. E. ♃
— augustifolius, *feuilles*
étroites. E. ♃
dorychnium, *de Provence.*
E. ♄

106. Trigonella, *Trigonelle.*
platicarpos, *comprimée.*
E. ⊙
polycerata, *plusieurs gous-*
ses. E. ⊙
ægyptiaca, *d'Egypte*. Af. ⊙
spinosa, *épineuse*. As. ⊙
corniculata, *corniculée*. E.
⊙
orientalis, *d'Orient*. As. ⊙
monspeliaca, *de Montpel-*
lier. E. ⊙
fœnum græcum, *fenu-grec.*
E. ⊙

107. Dolychos, *Dolyc.*
lablab. — Af. ♂
— capensis, *du Cap*. Af. ♂
sinensis, *de Chine*. As. ⊙
ensiformis, *pois sabre*. Am.
⊙
unguiculatus, *à onglet.*
Am. ⊙
sesquipedalis, *longues gous-*
ses. Am. ⊙
urens, *brûlant*, Am. ♄
trilobus, *à trois lobes*. As. ⊙
pruriens, *pois à gratter.*
As. ⊙
minimus, *nain*. Am. ♃
lignosus, *ligneux*. As. ♄
biflorus, *deux fleurs*. As. ♄

108. Phaseolus, *Haricot.*
vulgaris, *commun*. As. ⊙
coccineus, *écarlate*. As. ⊙
lunatus, *en croissant*. As. ⊙
farinosus, *farineux*. As. ⊙
caracolla, *caracolle*. As. ♄
max, *gousses velues*. As. ⊙
rufus, *roussâtre*. Am. ⊙
spherospermus, *sphérique.*
As. ⊙
zeilanicus, *de Ceylan*. As. ⊙
radiatus, *rayonné*. As. ⊙

109. Erythrina, *Érythrine.*
herbacea, *herbacée*. Am.
mér. ♃
abyssinica, *d'Abyssinie.*
Af. ♄
corallodendron, *bois im-*
mortel. Am. ♄
melanosperma, *fruit noir.*
As. ♄

110. Arachis, *Arachide.*
hypogea, *pistache de terre.*
Am. ⊙

111. Lupinus, *Lupin.*
albus, *blanc*. As. ⊙
hirsutus, *velu*. As. ⊙
varius, *varié*. E. ⊙
luteus, *jaune*. E. ⊙
perennis, *vivace*. Am. sept.
♃

112. Clitoria, *Clitore.*
ternatea, *de Ternate*. As. ⊙
virginiana, *de Virginie.*
Am. ⊙

113. Lathyrus, *Gesse.*
aphaca, *sans feuilles.* E. ⊙
nissolia, *de nissole.* E. ⊙
cicera, *sillonnée.* E. ⊙
sativus, *cultivé.* E. ⊙
— albus, *blanche.* E. ⊙
setifolius, *feuilles linéaires.*
  E. ⊙
italicus, *d'Italie.* E. ⊙
annuus, *annuelle.* E. ♂
odoratus, *odorante.* E. ⊙
pisiformis, *pisiforme.* E. ⊙
clymenum. As. ⊙
tingitanus, *de Tanger.* Af. ⊙
articulatus, *articulée.* E. ⊙
amphicarpos. E. ⊙
tuberosus, *tubéreuse.* E. ♃
pratensis, *des prés.* E. ♃
sylvestris, *sauvage.* E. ♃
latifolius, *larges feuilles.*
  E. ♃
palustris, *des marais.* E. ♃

114. Pisum, *Pois.*
sativum, *cultivé.* E. ⊙
umbellatum, *à bouquets.*
  E. ⊙
arvense, *à une fleur.* E. ⊙
nanum, *nain.* E. ⊙
maritimum, *maritime.* E. ♃
ochrus, *noir.* E. ⊙

115. Orobus, *Orobe.*
lathyroïdes, *feuil. de gesse.*
  As. ♃
vernus, *printanière.* E. ♃
tuberosus, *tubéreuse.* E. ♃
sylvaticus, *des bois.* E. ♃
niger, *noire.* E. ♃

116. Cicer.
arietinum, *pois chiche.* E.
  ⊙

117. Vicia, *Vesce.*
sylvatica, *des bois.* E. ♃
incana, *blanchâtre.* As. ⊙
lathyroïdes. — E. ♃
sepium, *des haies.* E. ♃
cracca, *fleurs nombreuses.*
  E. ♃
nissoliana, *de nissole.* As ⊙
syriaca, *de Syrie.* As. ⊙
bengalensis, *du Bengale.* As.
sativa, *cultivée.* E. ⊙
—alba, *blanche.* E. ⊙

—angustifolia, *feuil. étroi-*
  tes. E. ⊙
bythinica, *de Bythinie.*
  E. ♃
biennis, *bisannuelle.* E. ♂
lutea, *jaune.* E. ⊙
hybrida, *hybride.* E. ⊙
angustifolia, *feuilles étroi-*
  tes. E. ⊙
narbonensis, *de Narbonne.*
  E. ⊙

118. Faba, *Fève.*
major, *des marais.* Af. ⊙
equina, *féverole.* Af. ⊙
viridis, *verte.* As. ⊙

119. Ervum, *Ers.*
hirsutum, *velu.* E. ⊙
solonieuse, *de Sologne.* E. ⊙
tetraspernum, *à 4 grains.*
  E. ⊙
lens, *lentille.* E. ⊙
—minor, *petites graines.*
  As. ⊙
monanthos, *une fleur.* As. ⊙
ervilia, *ers.* E. ⊙

120. Scorpiurus, *Chenillette.*
vermiculata, *velue.* E. ⊙
muricata, *hérissée.* E. ⊙
sulcata, *sillonnée.* E. ⊙

121. Ornithopus, *Ornithope.*
major. — E. ⊙
compressus, *comprimé.* E. ⊙
scorpioïdes, *feuilles ternées.*
  E. ⊙
perpusillus, *des sables.* E. ⊙

122. Hippocrepis, *Hippocrèpe.*
unisiliquosa, *une gousse.*
  E. ⊙
multisiliquosa, *plusieurs*
  gousses. E. ⊙
balearica, *de Mahon.* E. ♃
comosa, *des champs.* E. ♃

123. Æschynomene, *Nélitte.*
sesban — Am. ⊙
grandiflora, *grandes fleurs.*
  As. ♄

124. Hedysarum.
alhagi. As. ♃
maculatum, *maculé.* As. ⊙
rotondifolium, *feuilles ron-*
  des. As. ♃
gangeticum, *du Gange.* As.

junceum, *jonciforme.* As. ♃
heterocarpon, *fruit varia-
ble.* As. ♃
canadense , *du Canada.*
Am. ♃
alpinum , *des Alpes.* E. ♃
canescens, *blanc.* E. ♃
paniculatum , *paniculé.*
Am. ♃
obscurum, *verd foncé.* E. ♃
prostratum, *couché.* E. ♃
fruticosum , *ligneux.* Am. ♄
flexuosum , *tortueux.* As. ☉
humile, *nain.* E. ☉
coronarium , *d'Espagne.*
E. ♂

125. Onobrychis, *Sain-Foin.*
pratensis, *des prés.* E. ♃
saxatilis, *des rochers.* E. ♃
caput galli, *tête de coq.* E. ☉
crista galli , *créte de coq*
E. ☉

126. Coronilla, *Coronille.*
emerus, *des jardins.* E. ♄
juncea, *jonciforme.* E. ♄
valentina, *de Valence.* E. ♄
glauca, *glauque.* E. ♄
odorata , *odorante.* E. ♄
minima , *naine.* E. ♄
securidaca, *falciforme.* E. ☉
herbacea, *herbacée.* E. ♃
varia , *fleurs variables.* E. ♃
cretica , *de Crète.* As. ☉

127. Amorpha.
fruticosa , *faux indigo.*
Am. ♄

128. Glycirrhiza, *Réglisse.*
echinata, *hérissée.* As. ♃
glabra , *officinale.* E. ♃

129. Galega.
vulgaris, *officinal.* E. ♃
purpurea, *pourpre.* E. ♃

130. Indigofera, *Indigotier.*
tinctoria, *des teinturiers.*
As. ♄
anil.— As. ♄
glauca, *glauque.* Am. ♄

131. Robinia.
inermis, *sans épines.* As. ♄
pseudo-acacia, *faux aca-
cia.* Am. ♄
hispida, *rose.* Am. ♄

abyssinica , *d'Abyssinie.*
Af. ♄
athagana, *de Sibérie.* E. ♄
caragana. As. ♄
pygmæa, *nain.* As. ♄
frutescens, *arbrisseau.* As. ♄
cham-lagu. As. ♄
spinosa , *épineux.* As. ♄
holodendron , *à feuilles
blanches.* As. ♄

132. Phaca.
australis, *d'Europe.* E. ♃
alpina , *des Alpes.* E. ♃

133. Colutea, *Bagnaudier.*
arborescens, *en arbre.* As. ♄
orientalis, *d'Orient.* As. ♄
halepica, *d'Alep.* As. ♄
frutescens, *d'Ethiopie.* Af ♂
herbacea , *herbacé.* Af. ☉
perennans, *à grappes.* As. ♃

134. Abrus.
precatorius , *à chapelet.*
Am. ♄

135. Glycine.
monoïca, *monoïque.* Am. ♃
subterranea, *enterré.* As. ☉
abyssinica , *d'Abyssinie.*
Af. ♃
apios. — Am. ♃
frutescens, *ligneux.* Am. ♄

136. Biserrula.
pelecinus , *fr. denté.* E. ☉

137. Astragalus, *Astragale.*
alopecuroïdes, *queue de renard.* E. ♃
narbonensis, *de Narbonne.*
E. ♃
christianus, *de Palestine.*
As. ♃
pilosus, *soyeux.* E. ♃
caprinus, *longues gousses.*
As. ♃
sulcatus, *sillonné.* As. ♃
galegiformis, *feuilles de galega.* As. ♃
falcatus, *falciforme.(Lamk)*
As. ♃
sibericus, *de Sibérie.* E. ♃
uliginosus, *des marais.* As. ♃
cicer, *globuleux.* E. ♃
glyciphyllos, *feuilles de réglisse.* E. ♃
asper, *rude.* E. ♃

hamosus, *hameçon*. E. ☉
ægyptiacus, *d'Égypte*. Af. ♄
contortuplicatus, *recroque-
villé*. Af. ☉
bœticus, *de Portugal*. E. ☉
sesameus, *étoilé*. E. ☉
pentaglottis, *pentaglotte.*
E. ☉
epiglottis, *épiglotte*. E. ☉
glaux, *calleux*. E. ☉
alpinus, *des Alpes*. E. ♃
campestris, *des champs.*
E. ♃
onobrychis. E. ♃
monspesullanus, *de Mont-
pellier*. E. ♃
depressus, *nain*. E. ♃
incanus, *blanchâtre*. E. ♃
odoratus, *odorant*. As. ♃
tragacantha. E. ♄
tragacanthoïdes. As. ♄
orientalis, *d'Orient*. As. ♄

ORDRE XI.

Meliæ, *les Azedarachs.*

138. Melia, *Azédarach.*
azedarach. — As. ♄
— major. As. ♄
139. Swietenia, *Mahogon.*
mahogoni. — Am. ♄
140. Cedrela, *Cedrel.*
odorata, *odorant.* Am.
mér. ♄
141. Murraya, *Murrai.*
buxifolia, *feuilles de buis.*
As. ♄

ORDRE XII.

Aurantia, *les Orangers.*

142. Citrus, *Citronier.*
medica, *aigre*. As. ♄
— cedra, *cédrat*. As. ♄
— tuberosa, *poncire.* As. ♄
— balotina, *balotin*. As. ♄
limon, *lime douce.* As. ♄
— florentina, *lime de Florence.* As. ♄
aurantium, *oranger.* As. ♄
— olyssiponense, *de Portugal.* As. ♄

— violaceum, *bigaradier
violet.* As. ♄
— multiflorum, *riche dé-
pouille.* As. ♄
— lunatum, *turc.* As. ♄
— sinense, *de la Chine.*
As. ♄
— pampelmous. As. ♄
— maximum, *gros fruit.*
As. ♄
— bergamium, *bergamote.*
As. ♄

ORDRE XIII.

Aceres, *les Erables.*

143. Acer, *Erable.*
tartarica, *de Tartarie.* Af. ♄
laciniatum, *lacinié.* E. ♄
canadense, *jaspé.* Am. ♄
creticum, *de Crète.* E. ♄
monspesullanum, *de Mont-
pellier.* E. ♄
campestre, *commun.* E. ♄
— variegatum, *panaché.*
E. ♄
opalus, *opale.* E. ♄
pensylvanicum, *de Pensylvanie.* Am. ♄
pseudo-platanus, *sycomore.*
E. ♄
platanoïdes, *plane.* E. ♄
— laciniosum, *découpé.*
E. ♄
saccharinum, *à sucre.* Am.
sept. ♄
negundofœum, *feuilles de
frêne.* Am. sept. ♄
tomentosum, *cotoneux.*
Am. ♄
rubrum, *rouge.* Am. sept. ♄
— mas, *mâle.* Am. sept. ♄
144. Æsculus, *Maronnier.*
hippocastanum, *d'Inde.*
As. ♄
pavia. Am. ♄
lutea, *jaune.* Am. ♄

ORDRE XIV.

Terebinthi, *les Térebin-*
thes.

145. Cneorum, *Camelée.*
tricocum, *à trois coques.*
E. ♄
146. Dodonæa, *Dodonée.*
viscosa, *visqueuse.* As. ♄
longifolia, *longues feuilles.*
As. ♄
147. Ptelea.
trifoliata, *à trois feuilles.*
Am. ♄
148. Fagara, *Fagarier.*
pterota, *fétide.* Am. ♄
tragodes, *épineux.* Am. ♄
149. Brucea, *Brucé.*
ferruginea, *ferrugineux.*
(*L'Hérit.*) Af. ♄
150. Spondias, *Monbin.*
monbin. Am. mér. ♄
151. Rhus, *Sumac.*
coriaria, *des corroyeurs.*
E. ♄
viridiflorum, *fleurs vertes.*
Am. ♄
tiphynum, *amaranthe.*
Am. ♄
glaucum, *glauque.* As. ♄
canadense, *du Canada.*
Am. ♄
vernix, *vernis.* As. ♄
copallinum, *copal.* Am. ♄
javanicum, *de Java.* As. ♄
toxicodendron, *vénéneux.*
Am. sept. ♄
—glabrum, *glabre.* Am. ♄
tomentosum, *cotoneux.*
Af. ♄
dentatum, *denté.* As. ♄
thezera. — Af. ♄
oxyacanthoïdes, *feuilles*
d'aubepine. As. ♄
angustifolium, *feuil. étroi-*
tes. Af. ♄
viminale, *flexible.* Am. ♄
glaucum, *glauque.* Am. ♄

lucidum, *luisant.* Am ♄
cotynus, *fustet.* E. ♄
152. Aylanthus, *Aylanthe.*
glandulosa, *glanduleux.*
As. ♄
153. Schinus, *Mollé.*
molle. Am. mér. ♄
154. Pistacia, *Pistachier.*
terebinthus, *térebinthe.*
E. ♄
trifoliata, *commun.* E. ♄
vera, *de Malthe.* As. ♄
minor, *nain.* E. ♄
chia, *de Chio.* As. ♄
atlantica, *du Mont-Atlas.*
Af. ♄
lentiscus, *lentisque.* E. ♄
155. Zanthoxilum, *Clavalier.*
trifoliatum, *feuilles ternées.*
Am. ♄
clava Herculis fœmina,
feuilles plumées. Am. ♄
—mas, *mâle.* Am. ♄
156. Juglans, *Noyer.*
regia, *commun.* ♄
serotina, *tardif.* ♄
fraxinifolia, *feuil. de frêne.*
Am. sept. ♄
alba, *blanc.* Am. sept. ♄
compressa, *ikori.* Am.
sept. ♄
olivæformis, *pacanier.* Am.
sept. ♄
— minor, *jaune.* Am. sept. ♄
cinerea, *cendré.* Am. sept. ♄
nigra, *noir.* Am. sept. ♄
157. Myrica, *Galé.*
trifoliata, *trois feuilles.* As. ♄
galé. — E. ♄
cerifera, *cirier de la Loui-*
siane. Am. ♄
pensylvanica, *de Pensylva-*
nie. Am. ♄
cordifolia, *feuilles en cœur.*
Af. ♄
quercifolia, *feuil. de chêne.*
Af. ♄

Cette Classe contient 157 genres, qui
comprennent 979 espèces.

C L A S S E   Q U I N Z I È M E.

D I C O T Y L E D O N E S   A P E T A L E S ,
Etamines séparées du pistil.

O R D R E   Ier

Amentaceæ, *les Amentacées.*

1. Salix, *Saule.*
helix. — E. ♄
rubens, *osier rouge.* E. ♄
vitellina, *osier jaune.* E. ♄
alba , *blanc.* E. ♄
lanata, *lanugineux.* E. ♄
babylonica, *de Babylone.* ♄
pentandra, *cinq étamines.*
　E. ♄
myrsinites, *feuil. de myrthe.*
　E. ♄
retusa, *feuilles obtuses.* E. ♄
reticulata , *feuilles veinées.*
　E. ♄
incubacea, *des dunes.* E. ♄
herbacea, *herbacée.* E. ♃
glauca, *glauque.* E. ♄
rosmarinifolia, *feuil. de ro-
　marin.* E. ♄
laponum, *de Laponie.* As. ♄
arenaria, *des sables.* E. ♄
caprea, *marceau.* E. ♄
— ulmifolia, *à feuil. d'orme.*
　E. ♄
viminalis, *osier blanc.* E. ♄
amygdalina, *feuil. d'aman-
　dier.* E. ♄
purpurea, *pourpre.* E. ♄
fragilis, *cassant.* E. ♄
aurita, *auriculé.* E. ♄
hastata, *hasté.* E. ♄
cinerea, *cendré.* E. ♄
arbuscula. — E. ♄
2. Populus, *Peuplier.*
alba, *blanc.* E. ♄
tremula, *tremble.* E. ♄
cordata , *d'Athènes.* Am.
　sept. ♄
fastigiata , *d'Italie.* E. ♄

rubra , *rouge.* Am. sept. ♄
canadensis, *du Canada.* Am.
　sept. ♄
balsamifera, *baumier.* Am. ♄
nigra, *noir.* E. ♄
viminea, *liard.* Am. sept. ♄
heterophylla, *de Caroline.*
　Am. ♄
argentea, *argenté.* Am. ♄
3. Platanus, *Platane.*
occidentalis , *d'Occident.*
　Am. ♄
acerifolius, *feuilles d'érable.*
　Am. ♄
orientalis, *d'Orient.* As. ♄
4. Liquidambar.
Styraciflua , *styrax.* Am.
　sept. ♄
. orientalis, *d'Orient.* As. ♄
aspleniifolia, *feuil. de cété-
　rac.* Am. sept. ♄
5. Betula, *Bouleau.*
alba, *blanc.* E. ♄
nigra, *noir.* E. ♄
lenta, *merisier.* E. ♄
nana , *nain.* As. ♄
pumila, *petites feuil.* As. ♄
alnus, *aulne.* E. ♄
— glutinosa, *gluant.* E. ♄
— incana, *aulne blanc.* E. ♄
— laciniata, *lacinié.* E. ♄
— angulata, *anguleux.* E. ♄
canadensis, *du Canada.* Am.
　sept. ♄
6. Carpinus, *Charme.*
betulus, *commun.* E. ♄
— quercifolia, *feuilles de
　chêne.* E. ♄
virginiana , *de Virginie.*
　Am. ♄
ostria, *houblon.* E. ♄
orientalis, *du Levant.* As. ♄

7. Fagus, *Hêtre.*
castanea, *châtaignier.* E. ♃
—sativa, *maronier.* E. ♃
pumila, *chincapin.* Amér.
  sept. ♃
sylvatica, *des bois.* E. ♃
— purpurea, *pourpre.* ♃

8. Quercus, *Chêne.*
phellos, *feuil. de saule.* Am.
  sept. ♃
—longifolia, *à longues feuil.*
  Am. sept. ♃
ilex, *yeuse.* E. ♃
— integrifolia, *feuil. entières.*
  E. ♃
— dentata, *dentée.* E. ♃
suber, *liége.* E. ♃
coccifera, *kermès.* E. ♃
nigra, *noir.* Am. ♃
turner. E. ♃
rubra, *rouge.* Am. sept. ♃
—montana, *des montagnes.*
  E. ♃
robur, *rouvre.* E. ♃
—pedunculata, *pédonculé.*
  E. ♃
humilis, *nain.* E. ♃
fastigiata, *pyramidal.* E. ♃
cerris. — E. ♃
castaneæfolia, *feuilles de
  châtaignier.* Am. ♃
prinos. — Am. sept. ♃
haliphæos, *de Bourgogne.*
  E. ♃

9. Corylus, *Noisetier.*
cornuta, *ait.* E. ♃
sylvestris, *des bois.* E. ♃
sativa, *commun.* E. ♃
—avellana, *avelinier.* E. ♃
—vulgaris, *franc.* E. ♃
byzantina, *de Constantinople.*
  E. ♃

10. Ulmus, *Orme.*
campestris, *des champs.* E. ♃
—latifolia, *larges feuilles.*
  E. ♃
crenata, *crenelé.* As. ♃
americana, *d'Amérique.* Am.
  sept. ♃
pumila, *luisant.* Am. ♃

11. Celtis, *Micocoulier.*
australis, *de Provence.* E. ♃

occidentalis, *d'Occident.* Am.
  sept. ♃
orientalis, *d'Orient.* As. ♃
americana, *de la Louisiane.*
  Am. ♃
cordata, *feuilles en cœur.*
  Am. ♃

ORDRE II.

Urticæ, *les Orties.*

12. Ficus, *Figuier.*
carica, *commun.* E. ♃
—violacea, *fruit violet.* E. ♃
religiosa, *des pagodes.* As. ♃
racemosa, *à grappes.* As. ♃
pumila, *nain.* As. ♃
arbutifolia, *feuilles d'arbousier.* Am. ♃
indica, *des Indes.* As. ♃
laurifolia, *à feuilles de laurier.* As. ♃
bengalensis, *du Bengale.*
  As. ♃
citrifolia, *feuilles de citronier.* Am. ♃
repens, *rampant.* Af. ♃

13. Morus, *Mûrier.*
alba, *blanc.* E. ♃
—integrifolia, *feuilles entières.* E. ♃
hispanica, *d'Espagne.* E. ♃
rubra, *rouge.* Am. sept. ♃
nigra, *noir.* ♃
laciniata, *découpé.* Am. ♃
mas papyrifera, *à papier.*
  As. ♃
—fœminea, *femelle.* As. ♃
canadensis, *de Canada.*
  Am. ♃
constantinopoliana, *de Constantinople.* E. ♃

14. Urtica, *Ortie.*
arborea, *en arbre.* Af. ♃
nivea, *cotoneuse.* As. ♃
canadensis, *de Canada.* Am.
  sept. ♃
cylindrica, *de Virginie.*
  Am. ♃
cannabina, *de Sibérie.* E. ♃
dioica, *dioïque.* E. ♃
urens, *griéche.* E. ☉

pilulifera, *à globules.* E. ⊙
dodartii, *feuilles de pariétaire.* E. ⊙
pumila, *naine.* E. ⊙
15. Humulus, *Houblon.*
lupulus, *cultivé.* E. ♃
16. Cannabis, *Chanvre.*
sativa, *cultivé.* As. ⊙
17. Theligonum.
cynocrambe, *à feuilles ovales.*
18. Datisca, *Cannabine.*
cannabina, *à feuilles de
chanvre.* ♃

ORDRE III.

.Euphorbiæ, *les Euphorbes.*

19. Mercurialis, *Mercuriale.*
perennis, *vivace.* ♄ ♃
tomentosa, *cotoneuse.* E. ♄
annua, *annuelle.* E. ♄
20. Acalypha.
virginiana, *de Virginie.*
Am. ⊙
21. Euphorbia, *Euphorbe.*
hypericifolia, *feuil. de mille
pertuis.* As. ⊙
maculata, *maculée.*
epithymoïdes, *fruit velu.*
E. ♃
pilulifera, *à globules.* As. ⊙
chamæsice. — E. ⊙
exigua, *naine.* E. ⊙
monspeliensis, *de Montpellier.* E. ⊙
peplus. E. ⊙
platiphyllos, *feuilles larges.*
E. ⊙
lathyris, *épurge.* E. ♂
verrucosa, *tuberculeuse.* E. ♂
dulcis, *douce.* E. ♃
spinosa, *épineuse.* E. ♄
paralias. — E. ♃
helioscopia, *réveille-matin.*
E. ⊙
pythiusa, *feuilles de genevrier.* E.
esula, *ésule.* E. ♂
sylvatica, *des bois.* E. ♃
halepica, *d'Alep.* As. ⊙
serrata, *dentée.* E. ♃

amygdaloïdes, *feuilles d'a-
mandier.* E. ♃
orientalis, *d'Orient.* As. ♃
pilosa, *soyeuse.* Af. ♃
cyparissias, *capillaire.* E. ♃
palustris, *des marais.* E. ♃
myrsinites — E. ♃
characias. — E. ♃
lanuginosa, *lanugineuse.*
E. ♃
mauritanica, *de Mauritanie.*
Af. ♃
fruticosa, *ligneuse.* Af. ♄
dendroïdes, *arbrisseau.* As.
♄
heterophylla, *hétérophylle.*
Am. ♃
tithymaloïdes. — As. ♄
tirucalli, *filiforme.* As. ♄
antiquorum, *des anciens.*
As. ♄
cotinifolia, *feuilles de fustet.*
Am. ♄
strobiliformis, *strobiliforme.*
Af. ♄
neriifolia, *à feuilles de né-
rium.* As. ♄
squammosa, *écailleuse.* Af. ♄
tetragona, *tetragone.* Af. ♄
canariensis, *des Canaries.*
Af. ♄
caput medusæ, *tête de Mé-
duse.* Af. ♄
officinarum, *officinale.* Af.
♄
22. Tragia.
volubilis, *grimpante.*
23. Buxus, *Buis.*
sempervirens, *toujours verd*
E. ♄
suffruticosa, *sous-arbrisseau.*
E. ♄
variegata, *panaché.* E. ♄
balearica, *de Mahon.* E. ♄
24. Phyllanthus, *Niruri.*
grandifolia, *à grandes feuilles.* Am. ♄
elata, *élevé.* — Am. ♄
niruri. — As. ⊙
epiphyllantus, *feuilles lancéolées.* Am. ♄
angustifolia, *feuilles étroites.*
Af. ♄

25. Andrachne.
telephioïdes, *feuilles d'orpin.* E. ☉
26. Clutia, *Clutelle.*
pulchella, *feuilles ovales.*
Af. ♄
27. Ricinus, *Ricin.*
communis, *officinal.* E. ☉
— rutilans, *luisant.* Af. ♂
28. Jatropha, *Médicinier.*
gossipifolia, *feuilles de coton.*
Am. mér. ♄
urens, *brûlant.* Am. ♄
multifida, *découpé.* Am.
mér. ♄
manihot, *manioc.* Am. ♄
pilosa, *soyeux.*
29. Croton.
argenteum, *argenté.* Am. ☉
tinctorium, *tournesol.* E. ☉
sebiferum, *arbre à suif.* As.
♄
tiglium, *officinal.* As. ♄
lobatum, *feuilles lobées.* Am.
acerifolium, *feuil. d'érable.*
As. ♄
30. Hura, *Sablier.*
crepitans, *éclatant.* Am. ♄
31. Sterculia.
platanifolia, *feuilles de platane.* Af. ♄
32. Carica, *Papayer.*
papaya, *cultivé.* Am. ♄

ORDRE IV.

Coniferæ, *les Conifères.*

33. Ephedra.
distachia, *deux épis.* E. ♄
monostachia, *un épi.* As. ♄
altissima, *élevé.* As. ♄
34. Casuarina, *Filao.*
equisetifolia, *feuil. de prêle.*
Af. ♄
35. Taxus, *If.*
baccata, *d'Europe.* E. ♄
36. Juniperus, *Genevrier.*
communis, *commun.* E. ♄
— italica, *d'Italie.* E. ♄
occicedrus, *cade.* E. ♄

bermudiana, *des Bermudes.*
Am. ♄
succica, *de Suède.* E. ♄
capensis, *du Cap.* Af. ♄
virginiana, *de Virginie.* Am.
♄
phœnicea, *de Phénicie.* Af. ♄
sabina, *sabine.* E. ♄
thurifera, *à l'encens.* E. ♄
37. Cupressus, *Cyprès.*
fastigiata, *pyramidal.* As. ♄
expansa, *étalé.* As. ♄
pendula, *glauque.* As. ♄
disticha, *feuilles d'if.* Am.
sept. ♄
thuyoïdes, *feuilles de thuya.*
Am. ♄
juniperoïdes, *feuilles de genevrier.* Af. ♄
38. Thuya.
quadrivalvis, *à quatre val-
ves.* Af. ♄
occidentalis, *à fruit lisse.*
Am. ♄
orientalis, *d'Orient.* Am. ♄
39. Abies, *Sapin.*
taxifolia, *à feuilles d'if.* E. ♄
balsamea, *baumier de Giléad.*
Am. ♄
pectinata, *hemlok-spruck.* ♄
canadensis, *du Canada.* Am.
♄
— nigricans, *sapinette noire.*
Am. ♄
— rubra, *sapinette rouge.*
Am. ♄
picea, *epicia.*
40. Pinus, *Pin.*
sylvestris, *de Genève.* E. ♄
rubra, *d'Ecosse.*
mugho. E. ♄
altissima, *laricio.* E. ♄
echinata, *épineux.* E. ♄
tœda, *à l'encens.* Am. ♄
maritima, *maritime.* E. ♄
racemosa, *à trochets.* E. ♄
halepica, *de Jérusalem.* As. ♄
pinea, *à pignons.* E. ♄
virginica, *de Virginie.* Am.
♄
quadrifolia, *à quatre feuil.*
Am. ♄
cembra, *cembro.* E. ♄

41. Larix, *Melèze.*
europæa, *gros fruit.* E. ♄
sibirica, *de Sibérie.* E. ♄
americana , *d'Amérique.*
Am. ♄

cedrus, *cèdre du Liban.* As.
♄

Cette Classe contient 41 genres qui
comprennent 258 espèces.

RÉCAPITULATION.

CLASSES.	ORDRES.	GENRES.	ESPÈCES.
1.re	4	48	64.
2.^e	7	74	347.
3.^e	4	56	277.
4.^e	3	22	50.
5.^e	1	2	11.
6.^e	6	42	181.
7.^e	4	14	43.
8.^e	14	170	826.
9.^e	5	33	135.
10.^e	3	103	643.
11.^e	3	30	153.
12.^e	2	47	187.
13.^e	18	157	860.
14.^e	14	157	979.
15.^e	4	41	258.
Total.	93	996	5014.

Outre ces plantes qui composent l'École de Botanique , il en est
un grand nombre d'autres qui, vu leur rareté et leur délicatesse ,
sont cultivées dans les serres , et font l'admiration des curieux qui
vont les visiter.

TABLE

Des Noms vulgaires des Plantes les plus employées en médecine, dans les arts, la décoration des jardins, etc.

AVEC

Les Noms des Genres et des Espèces auxquels elles se rapportent.

A

Abricotier, *Prunus armeniaca.*
Absynthe, *Artemisia absynthium.*
Acacia, *Robinia pseudo-acacia.*
Ache, *Apium graveolens.*
Agaty, *Æschynomene sesban.*
Aiguille, *Scandix pecten.*
Alaterne, *Rhamnus alaternus.*
Alkekenge, *Physalis alkekengi.*
Alleluia, *Oxalis acetosella.*
Alliaire, *Erysimum alliaria.*
Aluyne, *Artemisia absynthium.*
Amadoutier, *Boletus, igniarius.*
Ambrette, *Centaurea moschata.*
Amourette, *Briza eragrostis.*
Anis étoilé, *Illicium floridanum.*
Arbre d'argent, *protea argentea.*
Arbre à cuir, *Dirca palustris.*
Arbre des eaux, *Nyssa aquatica.*
Arbre de Judée, *Cercis siliquastrum.*
Arbre de justice, *Justitia adathoda.*
Arbre de Sainte-Lucie, *Prunus mahaleb.*
Arbre à suif, *Croton sebiferum.*
Arbre à pois, *Robinia caragana.*
Arbre de vie, *Thuya occidentalis.*
Argalou, *Paliurus spinosus.*
Argentine, *Potentilla anserina.*
Arrête-bœuf, *Ononis spinosa.*
Aubépin, *Crathegus oxyacantha.*
Aubergine, *Solanum melongena.*
Aubifoin, *Centaurea cyanus.*
Aubours, *Cytisus laburnum.*
Aulne, *Betula alnus.*
Aunée, *Inula helenium.*
Aurone, *Artemisia abrotanum.*
Azerolier, *Crathegus azerolus.*

B

Barbe d'homme, *Andropogon.*
— de bouc, *Tragopogon pratense.*
— de Jupiter, *anthyllis barba Jovis.*
— de renard, *Astragalus tragacantha.*
Battate, *Convolvulus batatas.*
Baume, *Mentha gentilis.*
Baumier, *Populus balsamea.*
— de Gilead, *Abies balsamea.*
Beccabunga, *Veronica beccabunga.*
Bec de grue, *Geranium gruinum.*
Belladone, *Atropa belladona.*
Belle de nuit, *Mirabilis jalappa.*
Bistorte, *Polygonum histortu.*
Blanchette, *Valeriana locusta.*
Bled, *Triticum æstivum.*
— de Turquie, *Zea mais.*
— noir, *Polygonum fagopyrum.*
Bluet, *Centaurea cyanus.*
Bois-boutou, *Cephalanthus occidentalis.*
Bois de fer, *Sideroxilum inerme.*
Bois de guitare, *Citharexilum cinereum.*
Bois gentil, *Daphne mezereum.*
Bois immortel, *Erythrina corallodendron.*
Bois puant, *Anagyris fœtida.*
Bois punais, *Cornus sanguinea.*
Bonne dame, *Atriplex hortensis.*
Bon-henri, *Chenopodium bonushenricus.*
Bonnet de prêtre, *Evonimus europæus.*
Botrys, *Chenopodium botrys.*
Bouillon blanc, *Verbascum thapsus.*

Boule de neige, *Viburnum opulus sterilis.*

Bourdène, } *Rhamnus frangula.*
Bourgène, }

Bourreau des arbres, *Celastrus scandens.*

Bourse à pasteur, *Thlaspi bursa pastoris.*

Branc-ursine, *Acanthus mollis.*

Bruyère du Cap, *Phylica ericoides.*

Buisson ardent, *Mespylus pyracantha.*

Bulbonac, *Lunaria annua.*

Busserole, *Arbutus uva ursi.*

C

Cabaret, *Asarum europæum.*

Camelée, *Cneorum tricoccum.*

Caméleon, *Carlina acaulis.*

Canillée, *Lemna minor.*

Canneberge, *Vaccinium oxicoccos.*

Canne d'Inde, *Canna indica.*

Canne à sucre, *Saccharum officinale.*

Capillaire, *Adianthum pedatum.*

Cardasse, *Cactus opuntia.*

Cardiaque, *Leonurus cardiaca.*

Cardon, *Cinara cardunculus.*

Carouge, *Ceratonia siliqua.*

Casse-lunette, *Centaurea cyanus.*

Cassis, *Ribes nigrum.*

Catalpa, *Bignonia catalpa.*

Cèdre, *Larix cedrus.*

Céleri, *Apium dulce.*

Centaurée, (petite) *Gentiana centaurium.*

Céterac, *Asplenium ceterac.*

Chapeau d'évêque, *Epimedium alpinum.*

Chardon à bonnetier, *Dipsacus fullonum.*

Chardon prisonnier, *Atractylis cancellata.*

Châtaigne d'eau, *Trapa natans.*

Chausse trape, *Centaurea calcitrapa.*

Chélidoine arbre, *Bocconia frutescens.*

Chêne verd, *Quercus ilex.*

Chervis, *Sium sisarum.*

Chicot, *Guillandina bonduc.*

Chiendent, *Triticum repens*

Chou marin, *Convolvulus soldanella.*

Christophoriane, *Actæa spicata.*

Cierge, *Catus peruvianus.*

Ciguë aquatique, *Phellandrium.*

Cirier, *Myrica cerifera.*

Citronelle, *Melissa officinalis.*

Citrouille, *Cucurbita pepo.*

Cochéne, *Sorbus aucuparia.*

Coloquinte, *Cucumis colocynthis.*

Coq des jardins, *Balsamita odorata.*

Coquelicot, *Papaver rheas.*

Corbeille d'or, *Alyssum saxatile.*

Cormier, *Sorbus domestica.*

Corne de cerf, *Plantago coronopifolia.*

Corneille, *Lysimachia vulgaris.*

Cornuelle, *Trapa natans.*

Corossol, *Anona muricata.*

Coudre-moinsine, *Viburnum lantana.*

Couleuvrée, *Bryonia alba.*

Couronne impériale, *Fritellaria imperialis.*

Cresson de Para, *Spilanthus oleracea.*

Criste marine, *Crithmum maritimum.*

Croix de chevalier, *Tribulus terrestris.*

Croix de Jérusalem, *Lychnis Chalcedonica.*

Curage, *Polygonum hydropiper.*

D

Dame d'onze heures, *Ornithogalum umbellatum.*

Dent de chien, *Erythronium dens canis.*

Dent de lion, *Leontodon taraxacum.*

Dompte venin, *Asclepias vincetoxicum.*

Double feuille, *Ophrys ovata.*

E

Echalotte, *Allium ascalonicum.*
Eclaire, *Chelidonium majus.*
Ecuelle d'eau, *Hydrocotyle vulgaris.*
Ellebore blanc, *Veratrum album.*
Endive, *Cichorium endivia.*
Endormie, *Datura stramonium.*
Epi-fleuri, *Stachys germanica.*
Epinard-fraise, *Blitum capitatum.*
Epithym, *Cuscuta epithym.*
Epurge, *Euphorbia lathyris.*
Esparcette, *Onobrychis pratensis.*
Estragon, *Artemisia dracunculus.*
Esule { grande, *Euphorbia palustris.*
{ petite, *Euphorbia cyparissias.*
Eupatoire de Mésué, *Achillea ageratum.*

F

Fayard, *Fagus sylvatica.*
Fenouil, *Anethum fœniculum.*
Fenu-grec, *Trigonella fœnum-græcum.*
Fer à cheval, *Hippocrepis comosa.*
Figuier d'Adam, *Musa sapientum.*
Figuier d'Inde, *Cactus ficus indica.*
Filipendule, *Spiræa filipendula.*
Flambe, *Iris germanica.*
Flèche d'eau, *Sagittaria sagittæfolia.*
Fleur de passion, *Passiflora cœrulea.*
Fleur de sang, *Hæmanthus coccineus.*
Fleur du soleil, *Cistus helianthemum.*
Fougère fleurie, *Osmunda regalis.*
Framboisier, *Rubus idæus.*
Fraxinelle, *Dictamus album.*
Fustet, *Rhus cotinus.*

G

Galant de jour, *Cestrum diurnum.*
Galant de nuit, *Cestrum nocturnum.*
Gant de N. D. *Campanula trachelium.*
Garderobe, *Santolina chamæcyparissias.*
Garou, *Daphne cnidium.*
Gaude, *Reseda luteola.*
Gazon { d'Espagne, { *Statice armeria.*
{ d'Olympe, {
Gingembre, *Amomum zingiber.*
Glouteron, *Arctium lappa.*
Gobe-mouche, *Apocinum androsæmifolium.*
Graine à perroquet, *Carthamus tinctorius.*
Grateron, *Gallium aparine.*
Grenouillette, *Hydrocharis morsus ranæ.*
Guède, *Isatis tinctoria.*

H

Hannebane, *Hyosciamus niger.*
Hermodacte, *Iris tuberosa.*
Hépatique, *Anemone hepatica.*
Herbe aux ânes, *Ænothera biennis.*
—de Saint-Antoine, *Epilobium antonianum.*
—de Sainte-Barbe, *Erysimum barbarea.*
—de Saint-Benoît, *Geum urbanum.*
—au cancer, *Plumbago europœa.*
—au chat, { *Teucrium marum.*
{ *Nepeta cataria.*
—de Saint-Christophe, *Actæa spicata.*
—au coq, *Balsamita odorata.*
—à coton, *Filago germanica.*
—au chantre, *Erysimum officinale.*
—aux cuillers, *Cochlearia officinalis.*
—aux écus, *Lysimachia nummularia.*
—à l'épervier, *Hypochæris radicata.*

Herbe à l'esquinancie, *Asperula cynanchica.*
— à éternuer, *Achillea ptarmica.*
— de Saint-Etienne, *Circæa lutetiana.*
— aux gueux, *Clematis vitalba.*
— de Saint-Jacques, *Senecio jacobæa.*
— à jaunir, *Reseda luteola.*
— des magiciennes, *Circæa lutetiana.*
— maure, *Reseda lutea.*
— aux mites, *Verbascum blattaria.*
— aux panaris, *Illecebrum paronychia.*
— à Paris, *Paris quadrifolia.*
— à pauvre homme, *Gratiola officinalis.*
— aux perles, *Lithospermum officinale.*
— aux poux, *Delphinium staphisagria.*
— aux puces, { *Conyza squarrosa. Plantago psyllium.*
— à Robert, *Geranium robertianum.*
— à la Reine, *Nicotiana rustica.*
— du siege, *Scrophularia aquatica.*
— aux teigneux, *Tussilago petasites.*
— aux teinturiers, *Genista tinctoria.*
— au vent, *Anemone pulsatilla.*
— aux verrues, *Heliotropum europæum.*
— aux vipères, *Echium vulgare.*

I

Immortelle, *Xeranthemum annuum.*
Indigo bâtard, *Amorpha fruticosa.*
Ivette, *Teucrium chamæpytis.*
Jacée, *Centaurea jacea.*
Jacobée, *Senecio jacobea.*
Jalap, *Convolvulus jalappa.*
— faux, *Mirabilis jalappa.*

Jasmin de Virginie, *Bignonia radicans.*
Jonc marin, *Ulex europæus.*
— odorant, *Acorus calamus aromaticus.*
— fleuri, *Butomus umbellatus.*

L

Langue de cerf, *Asplenium scolopendrum.*
— de chien, *Cynoglossum officinale.*
— de serpent, *Ophioglossum vulgatum.*
Larme de Job, *Coïx lacryma.*
Laurier-cerise, *Prunus laurocerasus L.*
Laurier-thym, *Viburnum tinus.*
Lentille d'eau, *Lemna.* —
Lentisque, *Pistacia lentiscus.*
Liège, *Quercus suber.*
Linaire, *Antirrhinum linaria.*
Lys de Saint-Bruno, *Anthericum liliastrum*
— de Saint-Jacques, *Amaryllis formosissima.*
— de Saint-Antoine, *Epilobium antonianum.*

M

Mâche, *Valeriana locusta.*
Malherbe, { *Plumbago europæa. Thapsia villosa.*
Manioc, *Jatropha manihot.*
Marguerite, *Bellis perennis.*
Marjolaine, *Origanum majorana.*
Masse au bedeau, *Bunias erucago.*
Massue d'Hercule, *Zanthoxilum clava Herculis.*
Mauve en arbre, *Lavatera arborea.*
Mayenne, *Solanum melongena.*
Melisse des bois, *Mellitis melissophyllum.*
— de Moldavie, *Dracocephalum moldavica.*
— des Moluques, *Molucella levis.*
Melon, *Cucumis melo.*
Menthastre, *Mentha rotundifolia.*

Mesereon, *Daphne mezereum.*
Meslier, *Mespylus germanica.*
Meum, *Æthusa meum.*
Millefeuille, *Achillea millefolium.*
Millet, *Panicum miliaceum.*
Mors du diable, *Scabiosa succisa.*
Mouron d'eau, *Samolus valerandi.*
Mufle de veau, *Antirrhinum majus.*
Myrtil, *Vaccinium myrtillus.*

N

Nasitor, *Lepidium sativum.*
Navet, *Brassica napus.*
Neflier, *Mespylus germanica.*
Nez coupé, *Staphilea pinnata.*
Nombril de Vénus, *Cotyledon umbilicus.*
Non feuillée, *Aphyllanthes monspeliensis.*
Nummulaire, *Lysimachia nummularia.*

O

Obier, *Viburnum opulus.*
Ochre, *Pisum ochrus.*
Œil de bœuf, *Anthemis tinctoria.*
— de Christ, *Aster amellus.*
Œillet d'Inde, *Tagetes patula.*
Oignon, *Allium cepa.*
Olivier de Bohême, *Elæagnus angustifolia.*
Oranger, *Citrus aurantium.*
Orcanette, *Anchusa tinctoria.*
Oreille d'ours, *Primula auricula.*
— d'homme, *Asarum europæum.*
— de lièvre, *Buplevrum rotundifolium.*
— de rat, *Hieracium pilosella.*
— de souris, *Cerastium repens.*
Orpin, *Sedum telephium.*
Ortie blanche, *Lamium album.*
Orvale, *Salvia sclarea.*

P

Pain de pourceau, *Cyclamen europæum.*
— de singe, *Adansonia digitata.*

Parelle, *Rumex aquaticus.*
Patience, *Rumex patientia.*
Pas d'âne, *Tussilago farfara.*
Passe-rage, *Lepidium latifolium.*
Passe-rose, *Alcea rosea.*
Passe-velours, *Celosia purpurea.*
Pastenade, *Pastinaca sativa.*
Pastèque, *Cucurbita citrullus.*
Pavot cornu, *Chelidonium glaucum.*
Pece, *Abies picea.*
Pêcher, *Amygdalus persica.*
Peigne de Vénus, *Scandix pecten.*
Perce-feuille, *Buplevrum rotundifolium.*
Perce-mousse, *Polytricum commune.*
Perce-neige, *Galanthus nivalis.*
Perce-pierre, *Crithmum maritimum.*
Persil, *Apium petroselinum.*
Persil des marais, *Apium graveolens.*
Persil de Macédoine, *Bubon macedonicum.*
Persicaire, *Polygonum persicaria.*
Pesse, *Abies picea.*
Petasite, *Tussilago petasites.*
Pet d'âne, *Onopordum acanthium.*
Pied d'alouette, *Delphinium consolida.*
— de chat, *Gnaphalium dioïcum.*
— de griffon, *Hellehorus fœtidus.*
— de lièvre, *Trifolium arvense.*
— de lion, *Alchimilla vulgaris.*
— d'oiseau, *Ornithopus perpusillus.*
— de pigeon, *Geranium columbinum.*
— de poule, *Panicum dactylon.*
— de veau, *Arum vulgare.*
Piloselle, *Hieracium pilosella.*
Piment, *Chenopodium botrys.*
Pissenlit, *Leontodon taraxacum.*
Pistache de terre, *Arachis hypogea.*
Pistachier faux, *Staphylea trifoliata.*
Plantain d'eau, *Alisma plantago.*

Plumeau, *Hottonia palustris.*
Poireau, *Allium porrum.*
Poirée, *Beta vulgaris.*
Pois chiche, *Cicer arietinum.*
— à gratter, *Dolychos pruriens.*
— de merveille, *Cardiospermum halicacabum.*
Poivre d'eau, *Polygonum hydropiper.*
Poivrier, *Schinul molle.*
Pomme d'amour, *Solanum lycopersicum.*
— épineuse, *Datura stramonium.*
— de merveille, *Momordica balsamina.*
— de terre, *Solanum tuberosum.*
Porte chapeau, *Paliurus spinosus.*
Porte collier, *Osteospermum moniliferum.*
Porte feuille, *Asperugo procumbens.*
— ouatte, *Asclepias syriaca.*
Poule grasse, *Valeriana locusta.*
Pouliot, *Mentha pulegium.*
Prunellier, *Prunus spinosa.*
Pulsatille, *Anemone pulsatilla.*

Q

Quinte feuille, *Potentilla reptans.*
Queue de cheval, *Equisetum arvense.*
— de pourceau, *Peucedanum oficinale.*
— de renard, *Aloperus pratensis.*

R

Racine de disette, *Beta cycla.*
— vierge, *Tamnus communis.*
Radix, *Raphanus sativus.*
Ragouminier, *Cerasus canadensis.*
Raifort, (grand) *Cochlearia armoriaca.*
Raiponce, *Campanula rapunculus.*
Raisin d'Amérique, *Phytolacca decandra.*
— de mer, *Ephedra distachia.*
— d'ours, *Arbutus uva ursi.*

— de renard, *Paris quadrifolia.*
Rapontic, *Rheum rhaponticum.*
Raquette, *Cactus opuntia.*
Ratuncule, *Myosurus minimus.*
Rave, *Brassica rapa.*
Réglisse d'Amérique, *Abrus precatorius.*
Reine des prés, *Spiræa ulmaria.*
Renouée, *Polygonum aviculare.*
Reprise, *Sedum telephium.*
Réveille matin, *Euphorbia helioscopia.*
Rhue des chèvres, *Galega officinalis.*
Rièble, *Gallium aparine.*
Roquette, { *Brassica eruca.* / *Sysimbrium erucago.* }
Rose de Gueldres, *Viburnum opulus roseum.*
— d'Inde, *Tagetes erecta.*
— de Jéricho, *Anastatica hierocuntica.*
Rosée du soleil, *Drosera rotundifolia.*

S

Sabine, *Juniperus sabina.*
Sabot de N. D., *Cypripedium calceolus.*
Safran des Indes. *Curcuma longa.*
Sain-bois, *Daphne cnidium*
Salseparcille, *Smilax salsaparilla.*
Sang-dragon, { *Dracæna draco.* / *Rumex sanguineus.* }
Sanguin, *Cornus sanguinea.*
Sarrazin, *Polygonum fagopyrum.*
Sauvevie, *Asplenium ruta muraria.*
Savinier, *Juniperus sabina.*
Scammonée, *Cynanchum monspeliacum.*
Scariole, *Cichorium endivia.*
Sceau de N. D., *Tamnus communis*
— de Salomon, *Convallaria polygonatum.*
Scolopendre, *Asplenium scolopendrum.*
Séné, *Cassia senna.*
— faux, *Colutea arborescens.*

Séné bâtard, *Coronilla emerus*.
— des Provençaux, *Globularia alypum*.
Seuevé, *Sinapis nigra*.
Sensitive, *Mimosa pudica*.
Serpentaire, *Arum dracunculus*.
— de Virginie, *Aristolochia serpentaria*.
Serpolet, *Thymus serpillum*.
Sigaline, *Parkinsonia aculeata*.
Soldanelle, *Convolvulus soldanella*.
Souci des marais, *Caltha palustris*.
Sparte, *Lygæum spartum*.
Spatule, *Othonna cheirifolia*.
Staphisaigre, *Delphinium staphisagria*.
Storax, *Styrax officinalis*.
Sucepin, *Monotropa hypopithys*.
Sycomore, *Acer pseudo-platanus*.

T

Tabac, *Nicotiana tabacum*.
Tabouret, *Thlaspi bursa pastoris*.
Tacamahaca, *Populus balsamea*.
Talictron, *Sisymbrium sophia*.
Taupinambour, *Helianthus tuberosus*.
Terre noix, *Bunium bulbo castanum*.
Thé d'Europe, *Veronica officinalis*.
— du Mexique, *Chenopodium ambrosioides*.

Térébinthe, *Pistacia terebinthus*.
Toque, *Scutellaria galericulata*.
Tortelle, *Erysimum officinale*.
Tournesol, *Croton tinctorium*.
Toute-bonne, *Salvia sclarea*.
— épice, *Nigella arvensis*.
— saine, *Hypericum androsemum*
Traînasse, *Polygonum aviculare*.
Trèfle d'eau, *Menyanthes trifoliata*.
Triolet, *Trifolium pratense*.
Trique madame, *Sedum album*.
Truffe, *Lycoperdon tuber*.
Tue-loup, *Aconitum lycoctonum*.
Turbith, *Globularia alypum*.
Turquette, *Herniaria glabra*.

V

Velvote, *Antirrhinum elatine*.
Verge à pasteur, *Dipsacus pilosus*.
Vergne, }
Verne, } *Betula alnus*.
Vernis du Japon, *Rhus vernix*.
Vigne blanche, *Bryonia alba*.
— folle, *Cissus quinquefolius*.
— vierge, *Solanum dulcamara*.
Violier, *Cheiranthus cheiri*.
Vulneraire, *Anthyllis vulneraria*.

Y

Yèble, *Sambucus ebulus*.
Yeuse, *Quercus ilex*.

Il existe encore beaucoup d'autres noms vulgaires connus des jardiniers et dans les départemens ; nous n'avons rassemblé ici que ceux qui sont adoptés dans les matières médicales, les ouvrages de botanique et ceux d'agriculture.

INDEX ALPHABETICUS GENERUM.

TABLE ALPHABETIQUE DES GENRES.

Boulette,	38	Cannabine,	81	Ciclame,	19
Bourrache,	29	Capraire,	21	*Cierges,*	66
Brésillet,	71	Caprier,	55	Ciguë,	48
Brinvillère,	22	*Capriers,*	54	*Cinarocéphales,*	36
Brize,	6	Capucine,	55	Cinéraire,	40
Brome,	5	Cardère,	44	Circée,	66
Broualle,	19	*Cariophillées,*	61	Ciste,	60
Brucé,	78	Carline,	37	*Cistes,*	60
Brunelle,	28	Carmantine,	20	Citronier,	77
Brunsfel,	23	Carotte,	49	Clandestine,	2
Bruyère,	32	Caroubier,	71	Clathre,	1
Bruyères,	32	Carpésie,	38	Clavaire,	1
Bry,	2	Carthame,	37	Clavalier,	78
Bryone,	33	Carvi,	47	Claytone,	66
Budlèje,	24	Casse,	71	Clématite,	50
Bufone,	61	Cataire,	26	Clifforte,	14
Bugle,	26	Cataleptique,	28	Clinopode,	28
Buglose,	29	Caucalide,	49	Clitore,	74
Bugrane,	72	Ceanothe,	70	Clutelle,	82
Buis,	81	Cèdrel,	77	Clypéole,	53
Buphtalme,	42	Célastre,	70	Cocrête,	20
Buplèvre,	49	Celsie,	22	Coignassier,	69
Butome,	8	Centaurée,	37	Colchique,	8
Buxbaume,	2	Centenille,	19	Collinsone,	26
Bysset,	1	Céphalanthe,	45	Colomnée,	21
Bythnère,	59	Céraiste,	63	Comaret,	68
		Cercifix,	36	Commeline,	8
		Cercodée,	67	Concombre,	33
		Cerfeuil,	47	Conferve,	1
C		Cerisier,	69	*Conifères,*	82
		Cestreau,	23	Conize,	39
Cabrillet,	30	Chalef,	14	Consoude,	29
Cacalie,	39	*Chalefs,*	14	Coquelourde,	63
Cacaoyer,	59	*Champignons,*	1	Coqueret,	22
Cactier,	66	Chanvre,	81	Corète,	59
Cadelari,	18	Charagne,	2	Coriandre,	47
Caffeyer,	45	Chardon,	36	Corinde,	55
Caïmitier,	31	Charme,	79	Coriope,	43
Calcéolaire,	20	Chélidoine,	52	Corise,	19
Calebassier,	23	Chêne,	80	Corisperme,	17
Calle,	8	Chenillette,	75	Cornaret,	21
Callicarpe,	24	Cherlère,	63	Cornifle,	2
Callitric,	2	Chevrefeuille,	46	Cornouiller,	46
Calycant,	45	*Chevrefeuilles,*	45	Coronille,	76
Camarine,	33	*Chicoracées,*	34	Corrigiole,	15
Cameléc,	78	Chicorée,	36	Cortuse,	19
Cameline,	54	Chionanthe,	24	*Corymbifères,*	38
Camelli,	58	Chirone,	30	Cotelet,	24
Camomille,	42	Chlore,	30	Cotonier,	58
Campanule,	33	Choin,	6	Cotule,	38
Campanules,	33	Chondrille,	34	Cotylet,	64
Campêche,	71	Chou,	52	Courbaril,	72
Camphrée,	16	Chrysanthéme,	38	Courge,	33
Canamelle,	4	Chrysocome,	39	Cranson,	54
Canarine,	33				
Cauche,	5				

FIN.